“十四五”国家重点出版物出版专项规划项目

中国西北地区灌溉农业的节水潜力及开发

Water-saving Potential of Irrigation Agriculture and Its Development in Northwestern China

段爱旺　著

中国农业科学技术出版社

图书在版编目（CIP）数据

中国西北地区灌溉农业的节水潜力及开发 / 段爱旺著. --北京：中国农业科学技术出版社，2022.11

ISBN 978-7-5116-5997-2

Ⅰ.①中… Ⅱ.①段… Ⅲ.①农田灌溉-节约用水-研究-西北地区 Ⅳ.①S275

中国版本图书馆 CIP 数据核字（2022）第 207880 号

责任编辑 周丽丽 崔改泵
责任校对 王 彦
责任印制 姜义伟 王思文

出 版 者 中国农业科学技术出版社
北京市中关村南大街 12 号 邮编：100081
电　　话 （010）82109194（编辑室） （010）82109702（发行部）
（010）82109709（读者服务部）
网　　址 https://castp.caas.cn
经 销 者 各地新华书店
印 刷 者 北京建宏印刷有限公司
开　　本 170 mm×240 mm 1/16
印　　张 12.5
字　　数 230 千字
版　　次 2022 年 11 月第 1 版 2022 年 11 月第 1 次印刷
定　　价 80.00 元

序　言

水资源短缺是一个世界性的问题。在我国，水资源供需矛盾变得越来越突出，已成为许多区域阻碍农业及经济持续发展的主要因素，西北及华北地区尤为严重。农业是用水大户，20 世纪 50 年代初，我国农田灌溉用水量占全国总用水量的 90%以上；即便现在受到工业、生活、生态用水的激烈竞争，农田灌溉用水量仍占全国总用水量的 50%以上。同时，在水资源严重短缺的形势下，灌溉用水的浪费现象仍较为普遍，因此成为节水关注的重中之重；农业作为我国最重要的基础产业，承担着保障国家粮食安全的重任，生产过程中的用水必须得到良好的保障。在水资源供需这样严重失衡的形势下，为了有效缓解供需矛盾，为农业乃至整个社会经济的可持续发展提供用水支撑，全国各地、各级政府都将节水发展放在了十分重要的位置，不断加大节水工程建设及新技术研发投入，强化用水行政管理与调控，取得了巨大的成效。

但在节水深化发展过程中，许多问题在学界存在不同的认识与理解，至今仍未能得到有效的统一。在节水发展初期，节水的内涵是什么？不同行业的专家学者从不同的角度分析，得出了并不完全相同的认识与定义。水利行业的人士普遍认为，严重缺水问题的形成主要是因为区域水资源过度开发及用水过程中的严重浪费造成的，因此主张主要从水资源开发严格控制及灌溉过程中浪费水量不断减少两个方面着力，并通过“节水灌溉”行动引领行业节水的发展。农业行业的学者则普遍认为，“为区域农业可持续发展提供用水保障”这一节水目标的实现，只关注如何减少灌溉用水量是远远不够的。许多农艺农作措施，例如通过改良品种减少作物本身的水分需求、改变耕作技术提高降水利用率和利用效率，施加覆盖降低地面（或水面）无效蒸发、合理施肥提高作物产量等，都可以助推节水目标的实现，因此认为“节水”的内涵应当充分包含这些因素，并提出“节水农业”的概念以统领行业节水发展。而水资源管理行业的学者从水资源消耗与平衡的角度对节水的内涵进行了阐述，提出了“真实节水”的概念；认为只有减少农田实际消耗的水量（农田蒸发蒸腾量及输配水过程中的蒸发损失量)，才是真正意义上的节水；而通过渠系防渗、使用先进灌溉技术等措施减少的灌溉用水量，由于其本身就会再进入区域水资源循环系统，并可能得到重新利用，因此还不能称为“真正”的节水。

应当说，从不同角度对“节水”概念、内涵及主体技术构成形成的这些定义或阐述，都有一定的理论基础及合理性，也能在节水实践中找到合适的场景。但从实际应用情况看，从不同角度考虑形成的“节水”概念，又都有很强的片面性和局限性，相互之间甚至会产生严重的冲突。比如从“真实节水”的概念来看，即便广泛使用渠道防渗、喷灌滴灌等节水技术措施可以显著提高灌溉水利用率，实现作物生产的高产优质，对于“真实节水”的实现也没有意义。另外，在实现节水的同时，节水技术的迅速发展也为作物生产提供了更为便捷的灌溉供水技术，为旱作农田转为灌溉农田，以及有效提高农田灌溉保证率创造了更多的可能。国际知名学术杂志 *Science* 发文所阐述的“节水的悖论”，即节水技术很好的发展与推广，并不意味着区域供水矛盾就能够有效缓解，水环境恶化现象就能够显著改善，反倒经常会出现相反的情景。这样的现象确定存在，但据此就得出节水技术措施根本没有发展及推广应用必要的结论，明显也是不成立的。很显然，出现这样的悖论，是由于对节水概念内涵的理解、审视问题的角度、追求目标的不同等因素造成的，与节水技术发展与应用本身并不是一回事。

分歧的广泛存在，已经严重影响了农业节水的稳定发展。未来农业节水发展应选择什么路径？节水理论与技术应朝向哪里创新？节水措施应如何组织推广实施？各地的节水潜力究竟有多大？节水潜力如何才能转为现实节水？等等。这些节水发展迫切需要回答的问题，因为无法在节水概念、内涵、目标等源头问题上达成共识而无法得到系统、深入的研究解决。这些分歧的存在，不仅在农业节水涉及的行业内造成了极大困惑，更是对农业节水进一步得到全社会的关注与支持产生了巨大影响。

由于在节水概念形成、内涵理解及目标实现等重大问题上出现了分歧，而且各种观点都能找到其理论合理性和实践存在意义，因此可以明确判定，目前形成的各类节水体系都还很不成熟完善，尚无法涵盖节水发展涉及的方方面面，无法包容不同行业或视角形成的理解与方案，更无法解决支撑未来节水持续发展相关的理论与技术问题，迫切需要各方共同努力，合力构建一个具有良好包容性和适用性的新节水技术体系，为上述问题的全面解决提供宏观引领与技术支撑。

基于这样的考虑，结合参与的中国工程院两个重大咨询项目的实施，本书对节水的基本概念和内涵是什么？节水技术体系应当包含哪些基本单元？节水潜力如何定义与估算？节水潜力的适宜开发路径与不同时期的可实现程度如何？节水发展需要什么样的政策法规作保障等问题进行了较为深入的分析研究。本项工作全面阐述了农业节水的概念内涵与发展目标，并据此编制了我国农业节水技术体系总体框架；定义了狭义节水和广义节水的概念与内涵，并给出区域狭义节水潜力、广义节水潜力及总节水潜力的估算方法；以我国西北地区为实例，估算了各省区 2000 年各类节水的潜力值，以及 2010 年、2030 年两个规划时间节点上的节水潜力可实现值，并对这些潜力实现的路径与主要技术措施，以及需要的政策法规保障进行了详细阐述，以期对相关问题的解决提供一个初步方案。

这项工作历时 3 年完成，相关的研究结果呈现在书中各个章节。本书是在自己多年从事节水工作获得的第一手资料与感性认识基础上，对农业节水理论、实践及未来发展相关问题进行深入思考的归纳总结。现呈现在这里，希望能对我国农业节水相关的理论研究与实践应用提供些许有益的参考。

希望本书的出版发行是抛出的一块砖，最终能够引出众多的玉，共同为农业节水这项事业的发展贡献智慧和力量。但由于掌握的基础数据不够充分，以及个人见识与能力所限，书中难免会有错误和不足，敬请谅解。

2022 年 5 月 20 日

对节水的基本概念和内涵是什么？节水技术体系应当包含哪些基本单元？节水潜力的[illegible]定义与[illegible]计算？[illegible]

[illegible]

区为案例，估算了各省区2000年的节水潜力[illegible]，以及2010年、2030年两个规划时间节点上的节水潜力可实现值[illegible]

[illegible]

[illegible]

目　　录

图表目录

图目录

表目录

第一章　引　言

中国是农业大国，同时也是灌溉大国。我国的耕地总量占世界的7%，人均耕地面积为世界平均值的31.8%，但灌溉面积总量占世界的20.2%，人均灌溉面积则为世界平均值的92.0%。在我国的耕地面积中，灌溉面积所占比例为46.4%，远远高于全世界16%的平均值[1]。可以说，正是有如此之高的灌溉比例，才使得我国的人均灌溉面积接近世界平均值，也才保证了我国以占世界7%的耕地养活占世界22%的人口。

我国北方干旱半干旱地区降水量小，并且存在着严重的年内分布不均和年际变率大的现象，发展灌溉对于保障农业生产的高产稳产具有决定性的作用。因此，发展灌溉历来受到各地各级政府的高度重视。特别是1949年以来，几代领导人都对大搞农田基本建设、扩大灌溉受益面积倾注了极大的关注和热情，1949—1980年，全国灌溉面积一直处于快速增长之中。应当说，灌溉面积的快速发展，对于保障我国快速膨胀的人口的粮食供给起到了决定性的作用，同时也为社会的稳定和经济的发展起了极大的推进作用。

但是，在灌溉面积快速增加保障了社会农产品供给的同时，与此相伴的水资源过度开发所带来的问题也逐步显露出来。可供开采的水资源越来越少，并且开发难度和开发成本越来越高，许多地区水环境正在不断恶化，一些区域的生态环境已经遭到严重破坏，水荒、水事纠纷、移民、沙尘暴等问题不断出现，由于水资源过度开发利用引起的这些问题已经对人们的生存环境和社会生活产生了显著的影响，并严重威胁到农业生产乃至整个社会经济的可持续发展。在已经十分严峻的形势下，面对工业和城市用水的不断增加，面对与人口不断增加相伴随的农产品需求的不断增加，以及面对农村产业结构调整和农民经济收益不断增加的需求，灌溉农业应该如何应对？如何在保障社会其他用水需求的情况下，保障灌溉农业的持续稳定发展是摆在所有科学工作者和各级政府部门面前的一个重要课题。能否很好地解决这一难题，对于我国未来农业的发展，甚至整个农村地区的经济发展，都会产生巨大的影响。

本书即试图从“我国干旱半干旱地区灌溉农业的节水潜力及开发”这一命题入手，对灌溉农业发展的有关问题进行较为深入的分析探讨，以期能对我国节水农业的发展有所裨益。

第一节　我国农田灌溉用水的需求与供给

一、我国农田灌溉的发展简史

我国古代农业在世界上处于领先地位，灌溉技术是其中的一项重要内容。我国古代农田灌溉的发展可以追溯到5 000多年以前[2]。在大禹治水的传说中，就有“尽力乎沟洫”“陂障九泽、丰殖九薮”等农田水利方面的内容。在夏商时期，出现了在井田中布置沟渠，进行灌溉排水的设施。西周时期在黄河中游的关中地区已经修筑了较多的小型灌溉工程。春秋战国时期我国由奴隶社会转入封建社会之后，生产力得到极大的提高，开始大量开垦土地，从事农耕，农田水利相应地有了较大的发展。著名的活动有魏国西门豹在邺郡修筑引漳十二渠灌溉农田和改良盐碱地，楚国在今安徽寿县兴建蓄水灌溉工程芍陂，秦国蜀郡守李冰主持修建都江堰等。其中的一些工程至今仍在发挥着作用。

我国古代农田灌溉的发展大致经历了3个大的发展时期，即秦汉时期、唐宋时期和明清时期，分别与秦汉的统一兴旺、唐宋的繁荣鼎盛、康乾的国泰民安具有一定的关系，提示着灌溉农业发展与国家经济的发展和政治的稳定之间的密切关系。19世纪中期以后，我国沦为半封建半殖民地社会，这一时期的农田水利虽然在局部地区有所发展，但总的来说是日趋衰落，也是我国这一时期经济衰落与政治无能的侧面反映。

我国的农田灌溉事业经过历史上的几次大起大落，到1949年中华人民共和国成立时，全国共有灌溉面积2.4亿亩，约占当时耕地面积的16.3%，其中水稻灌溉面积1.92亿亩，旱作灌溉面积0.48亿亩，尚无法使农业生产摆脱“靠天吃饭”的局面。

我国农田灌溉面积真正的快速增加是从1949年后开始的。新中国成立后，党中央和各级政府都对发展农田水利给予了高度重视，投入大量的资金发展灌溉面积，在“大跃进”时期几乎是举全体民财和民力兴修水利工程，虽然这种发展势头由于“文革”期间的社会和经济问题而有所延缓，但很快就随着社会秩序的好转而得到调整恢复。农田灌溉面积快速发展的势头一直持续到了1980年前后，这时全国灌溉面积达到了7.33亿亩，是中华人民共和国成立初期的3倍还多。与灌溉面积的迅速增加相伴随，全国灌溉用水量也持续不断的快速增加，从1949年的956亿 m^3增加到了1980年的3 574亿 m^3，净增加2.7倍，高于同期灌溉面积的增加幅度。单位面积的灌溉用水量从1949年的398.3 m^3/亩增加到了1980年的487.6 m^3/亩①，除去复种指数提高的影响，可以看出全国灌溉面积的增加与灌溉用水量的增加几乎完全同步，因此说这一时期的农田灌溉走的主要是外延式扩展的道路。

进入20世纪80年代，随着我国农业经营体制的变化，农田灌溉面积的发展进入了一个停滞时期。与此同时，经过30年的高速外延式发展后，水资源过度开发所带来的水环境和生态环境问题也逐步显露出来，引起各级领导部门和专家的高度重视，节水灌溉或节水农业正是在这样的背景下得到高度重视并开始进入快速发展时期的。1980年之后，随着社会农产品需求的不断增加，经过一段时期的调整后，农田灌溉面积又开始呈现稳步增加的局面。至2000年，全国有效灌溉面积达到了8.3亿亩[3]，比1980年增加了13.7%；2000年的灌溉用水量为3 464亿 m^3，只有1980年的96.9%[4]。与这种变化相对应，灌溉农田的亩灌溉用水量由1980年的487.6 m^3/亩下降到了2000年的417.3 m^3/亩。由此可以看出，这一阶段农田灌溉面积的扩大不再继续增加灌溉总用水量，而是主要依靠单位面积灌溉用水量的减少来实现，走的是以节水挖潜为基础的内涵式扩展的道路。这种发展模式被许多专家认为是我国农田灌溉未来发展的正确的，也是唯一的途径[5-6]。

二、我国农田灌溉用水的供需分析

（一）我国农田灌溉的用水需求

农田灌溉的水量需求主要决定于两个方面。一是单位面积灌溉农田的灌溉需水量，二是需要灌溉的农田面积。一个区域的农田灌溉水量需求是两者的乘积。

单位面积灌溉农田的灌溉需水量受以下因子的影响[7]。一是气候因子，决定着区域蒸发潜势和有效降水量的多少。二是作物因子，包括作物种类、种植模式和生育时期；作物因子和气候因子相结合，决定着单位灌溉农田上为了满足作物正常生长发育，必须通过灌溉补充的最小水量。三是灌溉工程和管理因子，主要表现为灌溉水利用率的高低，它决定着为了将作物正常生长所需的

① 1亩≈667 m^2，15亩=1 hm^2，全书同。

最小灌溉水量补充至土壤根系活动层，而必须从水源处调用的水量。

需要灌溉的农田面积主要受社会因素的影响，比如粮食需求、蔬菜瓜果需求、肉蛋奶等副食需求，以及为了增加收入而扩大生产的需求。我国灌溉面积的快速增加，以及总耕地面积中较高的灌溉面积比例，都与来自农产品社会需求不断增加的压力有关。

我国不同地区的单位面积灌溉需水量有着很大的差异，这种差异主要来自气候因子的影响。其次是作物种植模式，包括作物种类和复种指数，也受灌溉基础设施状况和灌溉管理水平的影响。表 1-1 是以冬小麦为例，显示不同地区灌溉需水量的差异[8]。可以看出，不同地区冬小麦的需水量具有明显的差异，生长期间的有效降水量更是差异巨大，并且两者具有一定的叠合性，使得不同地区冬小麦在灌溉需水量的差异更大。其中南方地区很小，河南信阳一带只有 11.3 mm，往北往西方向扩展，灌溉需水量都迅速增加，在新疆境内达到 400~500 mm。气候蒸发潜势大，有效降水少，使得北方地区作物生产的灌溉需水量要远远高于南方地区，在西北地区尤为显著，作物生产用水几乎全部要靠灌溉供给，这是造成北方地区灌溉用水量大，农业水资源供需矛盾突出的一个很重要的原因。

表 1-1　不同地区冬小麦的需水状况　　单位：mm

地区	参考作物需水量	作物需水量	有效降水量	灌溉需水量
新疆焉耆	599.0	492.7	30.6	462.1
新疆乌鲁木齐	518.7	423.6	15.0	406.1
河北石家庄	604.3	440.9	147.7	293.2
甘肃平凉	636.0	474.4	222.7	251.7
河南郑州	588.0	436.8	220.5	216.3
陕西西安	492.1	361.9	223.5	138.5
安徽蚌埠	479.1	346.7	258.1	88.6
江苏东台	423.5	306.5	264.7	41.8
河南信阳	443.4	317.4	306.1	11.3

不同作物种类由于生长特性和生长的时期不同，所以灌溉需水量也有明显差异。例如华北地区，由于冬小麦主要在降水较少的秋末至夏初生长，所以灌溉需水量很大。而同一地点的夏玉米，生育期间正好是一年中降水量最多的季

节，故而灌溉需水量很小。另外，复种指数的提高、田间有作物生长的时期明显加长也会提高单位灌溉面积的需水量。

在灌溉工程基础条件好、管理水平高的地区，输配水系统的用水效率高，在田间需要相同数量灌溉用水的情况下，从水源处调用的水量就可明显减少。输配水系统的效率与灌溉工程类型、规模大小、工程建设标准直接相关，也与灌区的灌溉管理水平关系密切。但输配水系统效率对灌溉需水量的影响表现出局部差异，而不是地区差异。

（二）我国农田灌溉供水的基本特点

农田灌溉是最大的用水户，2000 年灌溉用水占全社会总用水量的 63%。因此，全国水资源的变化特点基本上能够反映我国农田灌溉供水的特点。根据有关材料的分析[9-10]，我国水资源具有如下一些特点。

1. 人均水资源占有量偏少

按 1997 年人口统计，全国人均水资源量 2 220 m^3，在全世界参与分析的 153 个国家中排第 121 位。按照国际上设立的人均水资源量低于 1 700 m^3为用水紧张地区，低于 1 000 m^3为缺水地区，低于 500 m^3为严重缺水地区的标准，预计至 21 世纪中叶我国将进入水资源整体紧张国家的行列。

2. 水土资源区域分布匹配性差

我国水资源总量的 80.4%分布在长江流域及其以南地区，而该地区的人口占全国的 59.2%，耕地占 35.2%，人均水资源量4 317 m^3，属水资源不紧张地区；北方片（不含内陆河）人口和耕地面积分别占全国的 44.3%和 59.2%，而水资源仅占全国的 14.7%，人均水资源量 747 m^3，已属缺水地区；内陆河地区人口、耕地面积和水资源总量分别占全国的 2.1%，5.6%和 4.9%。虽然人均水资源量高达 4 876 m^3，但由于区域内水资源开发困难，区域内次级小区域之间的水土资源更加严重不匹配，加之维持荒漠绿洲生态系统需要大量的生态用水，使农业用水的开发受到严重的限制，因此该区域农业用水的紧张程度还要高于其他区域。

3. 水资源补给年内与年际变化大

由于我国大部分地区都受季风气候影响，降水量年内分配不均，年际变化巨大。大部分地区 6—9 月的降水量占全年降水量的 60%~80%，水资源中洪水径流量占的比重很大。年降水总量的变化，南方地区最大值是最小值的 2~4 倍，北方地区为 3~8 倍。降水量以及由此造成的径流量的较大变化，使农业水资源供应也存在严重的不均衡，更加重了农业水资源供需矛盾，严重影响着农业生产的稳定性。

（三）我国农田灌溉用水供需状况的未来趋势

我国1949年以来的水资源利用状况，以及根据各行业未来发展的需求，结合水资源条件、水资源开发利用潜力、节水技术发展水平等众多因素的约束后提出的未来30年内主要时段的各行业需水数值列于表1-2之中[9]。表中数值显示，全国水资源总利用量在未来的30年间还将有较大幅度的增加，总增量为1 621亿m^3，但这些增量将主要用于满足工业用水和生活用水（包括农村生活用水），分别占总量的47.2%和23.1%，供给农业使用的只占29.2%，其中用于农田灌溉的比例为25.2%。农田灌溉用水占总用水量的比例进一步从2000年的63.0%降至2030年的54.4%。

表1-2　我国水资源利用状况的变化趋势

项目	年份	总用水量（$\times10^8m^3$）	工业用水（$\times10^8m^3$）	城镇生活用水（$\times10^8m^3$）	农业用水（$\times10^8m^3$）	灌溉面积（$\times10^8m^3$）	灌溉用水	
							用水量（$\times10^8m^3$）	占总用水（%）
实际状况	1949	1 031	24	6	1 001	2.40	956	92.7
	1957	2 048	96	14	1 938	3.75	1 853	90.5
	1965	2 744	181	18	2 545	4.81	2 350	85.6
	1980	4 437	457	68	3 912	7.33	3 574	80.5
	1993	5 198	906	237	4 055	7.46	3 440	66.2
	2000	5 498	1 138	286	4 074	8.25	3 464	63.0
项目	年份	总需水量（$\times10^8m^3$）	工业需水（$\times10^8m^3$）	城镇生活需水（$\times10^8m^3$）	农业需水（$\times10^8m^3$）	灌溉面积（$\times10^8$亩）	灌溉需水	
							需水量（$\times10^8m^3$）	占总需水（%）
预测	2010	6 425	1 498	406	4 521	8.47	3 879	60.4
	2030	7 119	1 911	642	4 566	8.78	3 872	54.4

注：农业用水和农业需水均包括农村生活用水和需水。

单从农田灌溉的统计数据看，1949—1980年的30年间，尽管灌溉用水占总用水量的比例在迅速下降，但总用水量在迅速增加。1980—2000年的20年间，用于灌溉的水量不论是绝对值，还是所占比例都有明显下降。未来30年农田灌溉状况预测数据显示，为了保证满足社会对农产品的需求，灌溉面积还将以平均每年180万亩左右的速度不断增加。为了保证这一增加，在未来10

年中灌溉用水量会有所增加，但2010年之后，灌溉用水量将趋于稳定，或略微有所降低，灌溉面积的扩大将主要依靠减少单位面积的用水量来支撑。

第二节 开展灌溉农业节水潜力及开发研究的必要性

一、我国灌溉农业用水现状

灌溉是我国最大的用水户，虽然近几十年灌溉用水在总用水量中所占的比例在不断下降，但目前仍然占据着绝对主导地位，2000年用于农田灌溉的水量仍占全国总用水量的63%。因此，全国的水资源供应紧张是与农田灌溉的大量用水密切相关的，许多区域出现的水环境和生态环境问题，也是长期过量开发利用水资源发展农田灌溉的直接后果。但是，在水资源短缺不断加剧的形势下，我国当前的灌溉农业用水却仍然存在较为严重的水量浪费现象，与社会和经济发展的需求很不协调。据调查[11]，因渠系渗漏和管理不善等原因，目前渠系水利用系数一般为0.55左右，田间水利用系数为0.8左右，全国综合平均灌溉水利用系数为0.44~0.45，与美国、以色列等灌溉水平较高国家的0.7~0.8具有相当大的差距[12]。灌溉水利用率低不仅浪费了宝贵的水资源，同时也使灌溉成本增加，灌溉周期加长，对灌溉保证率和作物正常生长都有显著的负面影响，局部地区还可能引发土壤次生盐碱化，并对地下水的水质形成一定的威胁。

我国目前的农田水分利用效率也与世界先进水平有着明显的差距。据分析[13]，我国灌溉农田粮食作物目前的水分利用效率平均值为1.1 kg/m^3，与世界先进国家的2.0 kg/m^{3}具有较大的差距。即使在国内，由于生产条件和管理水平的差异，各地的农田水分利用效率也有较大的差异。以冬小麦为例，水分利用效率的全国平均值为1.32 kg/m^3，而在北京市昌平区南邵喷灌试验区9.33 hm^{2}的土地上，其水分利用效率已连续几年达到2.2~2.4 kg/m^3，可见全国提高农田水分利用效率的空间还是非常大的。水分利用效率低，意味着生产同样多的粮食就需要消耗更多的水分，从而间接性地加大了农产品需求对水资源的需求量。

二、节水灌溉是一项革命性的措施

在取得巨大成绩的同时，我国农田灌溉的发展也面临着越来越严峻的形势，主要表现在如下几个方面。

（一）社会发展对农产品需求的不断增加

在过去几十年中，农田灌溉发展来自农产品需求的压力，主要体现在为不断增加的人口提供足够的粮食上。未来人口数量仍在继续增加，因此这种压力仍将存在。此外，随着人民生活水平的不断提高，对优质农产品的需求越来越多，蔬菜、瓜果及肉蛋奶的消费量也会迅速增加，这些农产品的生产对灌溉面积的数量及灌溉保证率提出了更高的要求。另外，随着社会的不断发展，农田灌溉还将承载提高农民收入水平的重任，经济作物种植面积的不断扩大是预期的表现。出于提高经济效益的考虑，经济作物种植一般都会首先选用灌溉条件较好的农田，并且会绝对保证其灌溉用水的供给，在北方地区更是如此。农业生产的这些新的趋势无疑对农田灌溉用水的保障提出了更高的要求。

（二）生态欠账需要偿还，生态用水需要保障

地下水超采，地面水过量引用，这种局面是不可能长期得到维持的。随着过量用水严重后果的显现，以及人们对人与环境和谐共存、协调发展重要性认识的加深，全社会都对可持续发展给予了高度的重视。水资源作为整个生态系统的重要物质基础，它的可持续利用就显得尤为重要[14]。因此，回补超采的地下水，归还过量引用的生态用水，将是未来区域水管理战略的一个重要的部分。目前正在几大流域实行水资源开采利用限制措施，力争做到黄河不断流，塔里木河下游的台特玛湖恢复水面，以及使黑河尾闾湖泊之一的东居延海“碧波荡漾”，都是在这方面做的巨大努力。保证生态用水，就要求部分地区减少当前的灌溉用水量，将过去农田灌溉侵占生态用水的那部分水量归还给生态环境。

（三）工业和生活用水对水资源的竞争不断加剧

表 1-2 所示的数据已经显示，随着社会的发展，工业和生活用水在迅速增加，占社会总用水量的比例已从 1949 年的 3.5%提高到了 2000 年的 31.2%，并且还会逐步提高，预计 2050 年将达到 42.6%。由于工业和城市发展通常优先选择在交通和水资源条件较好的区域，而这些区域同样也是非常适于发展农业生产的区域；在很多情况下，工业和城市的发展直接占用的就是原来的灌溉农田，在局部地区对农业用水的挤占更为明显。在胶东半岛和华北平原的一些地方，原来为农田灌溉而修建的水库，现在许多已经不再向农业供水了。与城市用水和工业用水相比，农业用水的重要性和经济效益都处于不利的位置，故而在水资源利用策略上，农业用水为城市用水和工业用水让路也是十分自然的选择。工业和生活用水的迅速发展，不仅直接挤占了农业用水，而且也大大压

缩了农业水资源的开发空间。

面对着农产品生产需求的不断增加，以及可供利用的水资源量不断减少的现实，发展农田灌溉唯一的途径就是大力发展节水农业，通过减少用水过程中的水量损失和提高所用水量的生产效率来满足社会的需求。为此，党的十五届三中全会特别指出，要“制定促进节水的政策，大力发展节水农业，把推广节水灌溉作为一项革命性措施来抓，大幅度提高水的利用率，努力扩大农田有效灌溉面积”。这一论述不仅体现了国家对农业节水问题的高度重视，同时也确立了未来农田灌溉发展的总体方针政策，为我国灌溉农业的持续稳定发展打下了良好的基础[15-16]。

三、当前节水农业发展中存在的一些认识问题

在党中央有关节水农业方针政策的指导下，各地各级政府都对节水农业的发展予以了高度的重视，在宣传引导、政策倾斜、投资力度、行政指挥等方面都有显著的加强，全国掀起了一场大力发展节水农业的运动，取得了明显的效果。但是，由于概念上的模糊和认识上的不统一，在各地的具体实践中也出现了一些问题或偏差，对节水农业的持续稳定发展产生了一定的负面影响。其中下列几个问题表现得最为突出。

（一）发展节水灌溉就是扩大节水灌溉面积

在一些地方发展节水灌溉的过程中，把发展节水灌溉完全等同于节水灌溉面积的扩大，并把新增节水灌溉面积的多少作为体现成绩好坏的重要指标，特别是喷灌、滴灌的新增面积。因此，许多投资都用于新建高标准的节水示范园工程。这样做的结果是节水灌溉面积增加了，但区域水资源的总利用量也增加了，在水资源已严重超额利用的地区，如此发展节水灌溉，不但没有缓解区域的用水紧张状况，反而使其加重，从而对区域水环境和生态环境造成了更大的破坏。

（二）发展节水灌溉就是减少单位面积用水量

未来节水灌溉的发展将主要依靠挖掘现有灌溉用水中的节水潜力来实现。从总体上讲，随着节水灌溉的发展，单位灌溉面积的用水量将会减少。但是，这种减少应该主要是减少用水过程中浪费掉的水量，而不是减少作物正常生长所需的水量。所以，节水潜力的挖掘需要有良好的工程措施和灌溉管理为基础。而在现实中，为了体现节水的成果，许多地方都努力压低灌溉定额。这种低定额与过分追求节水灌溉面积的扩大有直接的关系，表现形式有两种，一是

压低灌水定额，例如，有些喷灌区每次灌水定额只设定为10~20 mm；二是减少灌溉次数，实施所谓的非充分灌溉。这种认识造成许多有效灌溉区域供水严重不足，甚至因为供水能力满足不了规划面积需求而出现严重的失灌现象，根本无法保证控制区域农业生产的正常开展。

（三）发展节水灌溉主要是建设节水灌溉工程

在发展节水灌溉的过程中，各地普遍对节水灌溉工程的建设予以高度重视，但对提高灌溉管理水平在节水灌溉发展中的作用缺乏足够的认识。目前我国建设了大量的节水灌溉工程，但管理水平一直偏低，严重影响着这些节水灌溉工程效益的充分发挥。这主要表现在以下3个方面：一是区域水资源的合理分配问题一直没有很好地解决，区域内用水冲突现象十分严重。内陆河的上游与下游之间，灌区的首部与尾部之间，由于缺乏很好的管理与协调，上游用水减少了下游的供水量，甚至上游灌溉面积的发展就是直接以下游灌溉面积的减少为代价的。二是田间灌水无法实施定额管理。由于缺乏必要的灌溉用水计量与控制装备，所以究竟灌了多少水根本就说不清。加之缴纳多少水费通常与实际使用的水量也没有直接的关系，所以农民对每次的灌水定额也很少关注，往往是每次灌水都尽可能地多灌。三是对灌溉用水缺乏有效的调控措施。由于区域内缺乏适宜的作物需水监测与预报系统，加之灌溉系统规划建设时通常对水量调配控制设施考虑不足，因此很难做到对作物的适时适量供水。由于灌溉系统本身存在的问题与水源调度不力，每年都会有大约1/3的有效灌溉面积供水不足，并有相当比例的有效灌溉面积完全失灌[17]。

与工程建设受重视的程度相比，其他一些节水技术措施受到的关注就少得多了。但实际上，这些节水技术措施，像地面覆盖和水稻的控制灌溉技术，都具有明显的节水效果，并且实施过程需要的投入相对较小。此外，其他一些栽培耕作方面的技术措施，可以明显地提高单位水量消耗所能产出的农产品数量，如果得到大面积的应用，也会有效缓解区域水资源的供需矛盾。

（四）发展节水灌溉采用的技术越“先进”越好

喷灌和微灌是先进的节水技术，要体现当地节水灌溉工作做得好，就要大力发展喷微灌，这种认识恐怕在许多地方主抓节水农业发展的行政机构里是十分流行的。因此，许多部门都积极投资，兴建自己的节水示范园或示范基地，有的甚至将之作为“形象工程”来建设。但由于喷微灌工程的运行成本高，与现行的以家庭承包为主体的土地经营模式有很大的冲突，造成能够很好发挥作用的比例很低，特别是在那些原本可以通过渠道或地埋低压管道得到很好灌溉的地区，修建的喷微灌工程弃用的比例是很高的。

这些“先进的”节水技术得不到认可，并不是农民没有节水意识。透过这些事实，可以反映出这些地方有些节水理念存在的问题。在节水技术措施的评价上，认为节省的水越多，就说明这项技术越先进，因此就有了滴灌比喷灌先进，喷灌比地面灌先进的“认识”。在区域节水发展的评价上，认为“节水”就是发展节水灌溉的最终目标，节约的水量越多，说明所采用的技术措施越正确，因此才有了大力发展喷灌和微灌的愿望，甚至有了在大田小麦上发展滴灌的努力。应当说，由于单纯追求节水效果而忽视经济效益和其他方面的因素，所造成的浪费是很大的，对农民发展节水灌溉的积极性也是沉重的打击。

四、灌溉农业节水潜力及其开发途径研究的必要性

通过以上的分析可以看到，由于认识上的模糊和偏差，已经在节水实践中引发了许多问题，一定程度上阻碍了节水农业的健康发展。但是，节水农业发展中的一些关系究竟该如何处理，包括节水与节水工程的建设、节水与节水灌溉面积的扩大、节水与灌溉用水量的减少、节水与节水技术措施的选择之间的关系，以及工程措施与管理措施、工程措施与农艺措施、节水效果与经济效益之间的关系，如何合理地处理这些关系，可以说目前尚无普遍认可的结论，因此开展相关的研究工作是十分迫切和必要的。

事实上，上述许多关系都不是孤立存在的，合理地处理这些问题需要涉及节水农业发展一些深层次的问题。比如节水农业发展的目标是什么？节水农业发展水平该如何评价？而针对灌溉农业的节水问题，还需要对以下一些问题有明确的认识，包括节水效果在农业生产目标中该如何定位？现状灌溉用水条件下的节水潜力有多大？这些潜力都存在于哪些环节上？在不同的发展阶段有多少节水潜力有可能实现？以及需要采取什么样的途径和措施来保证这些潜力的实现等。

本文即以“我国干旱半干旱地区灌溉农业的节水潜力及开发”的研究作为切入点，对这些问题进行深入的分析和探讨，力图为上述各类关系的处理建立必要的认识平台，同时能对国家节水农业政策的制定、区域节水农业发展策略和发展途径的选择，以及各地节水技术措施的实施起到有益的作用。

第三节　灌溉农业节水潜力及其开发的国内外研究进展

灌溉农业节水是一个涉及许多领域和众多技术措施的系统工程。现将国内外研究进展情况分为以下一些方面进行简要的论述。

一、节水农业的内涵及技术体系

"节水农业"是在20世纪80年代提出的一个新概念。1989年，中国农业科学院组织全国有关的专家学者，在河南新乡召开了"全国节水农业和灌排科技发展学术讨论会"，并以会议纪要的形式向中央有关部门呈送了"发展我国节水农业的若干建议"的报告。这次会议不仅重申了我国发展节水农业的必要性和迫切性，而且确立了节水农业的基本内涵，以及我国节水农业发展的基本方向，也标志着我国的节水农业进入了全面、快速的发展阶段[18]。

应当说，"节水农业"这一概念是非常中国化的，因为它不仅首先在我国提出，而且直至目前也似乎局限于在我国使用。对于"节水"这一名词在国外农田水利学科中所对等的概念，有人认为与高效用水（Effective Water Use）相近，也有人认为与水保持（Water Conservation）相近。由于缺乏共同的概念和认识基础，所以在对外学术交流中将"节水"一词翻译为"water-saving"使用，经常会引起一些误解或争议[19-20]。

对于节水农业的含义和技术体系，国内许多学者做过阐述。贾大林先生等认为，节水农业是提高用水有效性的农业[21]，节水农业的主体目标是提高农业用水（包括自然降水和灌溉用水）的有效性，技术体系由水利措施和农业措施组成，其中通过节水灌溉措施以提高水的利用率，用节水农业措施提高水的利用效率[22]。

山仑先生认为，节水农业是指在半干旱半湿润地区充分利用自然降雨的基础上高效利用灌溉水的农业。节水农业所要解决的中心问题是如何提高农业生产中水的利用率和利用效率，即在灌溉农业中如何做到在节约大量灌溉用水的同时实现作物高产，在旱作农业中则力求增加少量补充供水以达到显著增产。故而认为节水农业应当包括3种农业类型：节水灌溉、有限灌溉和旱作农业[23]。此外，山仑还把节水农业发展的总目标表述为"在保持农业以正常速度增长的同时，保持水资源的持续利用和区域平衡，大幅度地节约农业用水。"

冯广志先生对节水灌溉的内涵做过如下的论述："节水灌溉是根据作物需

水规律及当地供水条件，为了有效地利用降水和灌溉水，获取农业的最佳经济效益、社会效益、生态环境效益而采取的多种措施的总称。”他还认为，节水灌溉技术体系由水源开发与优化利用技术、节水灌溉工程技术、农业耕作栽培节水技术和节水管理技术几大部分组成[24]。

刘昌明先生在《节水农业内涵商榷》一文中指出，“节水农业是以节水为中心的农业类型，在充分利用降水的基础上采取农业和水利措施，合理开发利用与管理农业水资源，提高水分利用效率和效益；同时通过治水改土、调整农业结构，改革耕作制度与种植制度，发展节水、高产、优质、高效农业，最终实现农业持续稳定发展”。对于农业节水技术体系，刘昌明先生认为其内容极其丰富，包括水资源的合理开发利用、节水技术措施、节水农业措施和节水管理措施几大方面，并系统地列出了这几个方面所包括的技术内容[25]。

其他一些学者对于节水农业的概念和内涵也做过一些分析研究，虽然在论述上各有侧重，但就陈述的观点与所提出的技术体系来看，基本上没有超出上述几位学者观点的覆盖范围[26-27]。

上述观点从总体上讲是比较一致的，都认为节水农业的核心问题是提高天然降水和灌溉用水的有效性，具体体现在提高水的利用率和利用效率上，同时都强调节水的实现需要农业措施和水利措施的密切结合。对于节水农业的发展目标、覆盖的领域及技术体系的组成，几位学者的认识有一定的差异。

二、节水农业发展状况的评价指标

对节水农业的发展状况进行评价，是检验阶段发展成果的需要，也是制定未来发展战略的需求。从工程建设的角度进行评价，有渠道防渗衬砌率、节水灌溉发展面积，以及节水灌溉面积占总灌溉面积的比例这样一些指标。但由于各地情况差异很大，采用的技术措施也各不相同，故而这样的指标通用性很差，也很难在区域水资源利用规划及水管理中加以体现和应用。目前得到普遍认可与应用的指标有两个：一是水分利用率，表示降水或调用的灌溉水最终被作物生长过程利用的情况。对降水，用的是降水利用率[28-29]，对灌溉水，用的是灌溉水利用系数[30-31]。灌溉水利用系数可以进一步分解为渠系水利用系数和田间水利用系数，灌溉水利用系数是两者的乘积。二是作物水分利用效率，表示的是作物消耗单位水量最后能够转化为社会所需农产品的数量[32-33]。

对于灌溉水利用系数和作物水分利用效率达到什么样的数值才能算得上是节水农业，这方面的看法还不统一。水利部农村水利司主编的《节水灌溉技术规范》规定[30]，灌溉水利用系数，大型灌区不应低于 0.50；中型灌区不应低于 0.60；小型灌区不应低于 0.70；井灌区不应低于 0.80；喷灌区、微灌区不应低于 0.85，滴灌区不应低于 0.90，这可以认为是节水灌溉工程建设的最低标准。其他一些学者也通过自己的研究，提出了现阶段节水农业发展的评价指标[34-35]。认为井灌区灌溉水利用系数达到 0.70、作物水分利用效率达到 1.2 kg/m^3，就可以称为节水农业；灌溉水利用系数和作物水分利用效率分别达到 0.85 kg/m^{3}和 1.8 kg/m^{3}以上，就可以称为高效用水农业。但由于各地情况差异很大，因此普遍认为全国采用统一的指标基本上是不可行的。

对于节水农业发展的评价，也有学者建议应包含效益评价指标[34-36]，但由于这一指标的影响因子太多，并且受水价和农产品市场价格的影响而变化巨大，缺乏必要的稳定性和可比性，故而暂时无法应用。此外，现有的节水农业发展评价系统还缺乏环境与社会效益方面的评价因子。

三、节水技术措施及其节水潜力

国内外目前有关节水农业的研究，大部分是围绕节水技术措施及其节水潜力进行的，所取得的研究成果也主要体现在这一范畴内。在灌溉农业中，从水源处取水到最终生产出社会需要的农产品的整个用水过程，按照水分的存在形式和主要影响因子的差异，大致可以划分为 3 个阶段[35-37]：一是从水源处到田间入水口的阶段，属输水阶段，这一阶段的效率用渠系水利用系数表示。二是把进入田间的水分转化为作物可以直接利用的土壤贮水的阶段，属配水阶段，这一阶段的效率用田间水利用系数表示。三是通过种植的作物将贮存在土壤中的水分转化为最终农产品的阶段，属用水阶段，这一阶段的效率用作物水分利用效率表示。以这 3 个阶段划分为基础，以下分别阐述有关节水技术措施的国内外研究进展情况。

（一）提高渠系水利用系数的节水技术措施

国内外关于这一领域节水技术措施的研究主要集中在两个方面[38-39]，一是适宜的防渗材料和施工工艺的研究，二是用管道代替渠道输水技术的研究。

渠道防渗技术的发展主要体现在防渗模式的开发、防渗材料的研制和施工工艺的改进上，防渗效果和投入成本是两个重要的约束因子。国外的渠道防渗多以大规模机械化施工为主，并与这种施工模式相适应，不断地开发利用新的材料和施工工艺。我国渠道防渗工程技术的发展，始终是以开发性能好、价格低、易施工的防渗材料为先导，同时研究、推广与其相应的防渗渠道断面形式及防渗结构，并针对北方地区出现的工程冻害问题，研究防渗渠道的防冻胀技术。目前已开发了多种渠道防渗模式及新材料，并独立研制了小型渠道防渗施工设备，已在生产中得到一定程度的推广应用[40]。

关于不同渠道防渗条件下的节水潜力，一些学者也进行了系统的研究总结[41]。结果显示，以土渠输水的水量损失为对比基础，采用浆砌石防渗可减少渗漏损失50%~60%；混凝土衬砌防渗减少水量损失60%~70%；塑料薄膜防渗减少损失70%~80%。

美国自20世纪20年代以来就一直努力以管道输水来代替渠道输水，目前大型灌区约有50%实现了管道输水。以色列更是于1964年建成了国家输水工程，目前已将全国大部分可利用的水资源都连接至这一系统中。通过总长约6 500 km的管道网络体系，可以将有压水送到国土的每个角落，不仅有效减少了输水损失，还为全国水资源的统一调配管理打下了良好的基础[42]。日本于20世纪60年代开始，苏联于1985年以后都积极地发展管道输水。用管道代替渠道输水将是未来总的发展趋势，不仅在井灌区如此，在渠灌区也是如此[43-44]。

我国从20世纪80年代初期开始在井灌区发展低压地埋管道输水技术，取得了显著的成绩[45]。目前全国已经发展到了0.54亿亩，渠系水利用系数可达0.95以上。但在渠灌区发展管道输水技术，我国才刚刚起步，从几个试点应用的情况看，节水效果十分显著。在甘肃景泰川扬黄灌区，与土渠相比，每亩年节水可达200 m^3，同时还具有节电，缩短轮灌周期，提高产量的作用。但由于技术复杂，实施难度大，所以在我国的渠灌区以管道代替渠道输水，在广泛应用前还需要做大量的工作，包括管网模式选择和优化设计方法的研究，以及大口径管材管件的开发生产等。

目前我国不同灌区类型和渠道类型的渠系水利用系数如表1-3所示。

表1-3 不同类型灌区和渠道类型下的渠系水利用系数

灌区类型	渠道类型		
	土渠	混凝土衬砌渠道	管道输水
井灌区	0.8	0.9	0.95
泵站提水灌区	—	0.6~0.65	—
地表水自流灌区	0.35~0.4	0.6	—
喷灌、滴灌灌区	—	—	0.95以上
全国综合渠系水利用系数：0.55			

（二）提高田间水利用系数的节水技术措施

目前国内外有关减少配水过程中的水量损失、提高田间水利用系数的研究，主要集中在提高田间配水均匀度和提高灌溉水管理水平两个方面[46-48]。

1. 提高田间配水均匀度

目前国内外采取的技术措施主要有如下两个大类[49-56]。

（1）改进现有地面灌溉系统

包括为现有灌溉方式选择确定适宜的灌水技术要素，采用小畦灌溉、长畦短灌、细流沟灌、以激光平地为基础的水平畦田灌、涌流灌溉及膜上灌溉等改进地面灌溉技术。

（2）发展喷灌和微灌

为了适宜灌溉的现代化管理，美国等一些西方发达国家的喷微灌面积比例在不断扩大。同时为了节约能源，喷灌也向着低能耗精量灌溉（LEPA）的方向发展[57]。我国目前的喷微灌面积所占比例约为4.2%，并且发展非常困难。目前生产上使用的喷灌形式主要是固定式和半固定式喷灌，绞盘式喷灌、平移式喷灌和中心支轴式喷灌系统也有一定程度的应用。专家建议，在土地平整程度差、沙性土质、规模化经营管理等条件下，如果经济条件许可，应优先考虑发展喷灌。目前我国微灌的主要形式有滴灌、涌泉灌、微喷灌、渗灌和地下滴灌。在极度缺水的北方地区，种植棉花、果树等经济作物，以及在日光温室内种植花卉、蔬菜、果树等作物，在经济条件许可的条件下，可以考虑采用微灌系统供水。

2. 提高灌溉管理水平

国内外主要是加强如下两个方面的工作[58-61]。

（1）加强灌区灌溉管理所需基础设施的建设

包括修建必要的量水和灌溉控制设施，设立土壤墒情监测系统，以及建立完善的灌溉信息处理和传递系统。

（2）加强灌溉过程的监控与管理

包括因地制宜地选择适宜的灌溉方法和系统，制定合理的灌溉制度，制定完善的水源利用和调度计划，以及加强区域墒情监测和灌溉预报服务，其中包括对未来降水过程的预报服务工作，提高雨水的利用效率。

采用先进的灌水技术，并配之以高水平的灌溉管理，一般可使田间水利用系数由平均0.6左右提高到0.8左右。

渠系水利用系数和田间水利用系数的乘积即是灌溉水利用系数，它表达的是为灌溉而调用的水量最终被作物蒸腾蒸发过程利用的比例。我国的灌溉水利用系数，井灌区一般为0.60~0.65，提水灌区0.50~0.60，自流灌区普遍只有0.30~0.40，加权平均估算，全国当前的灌溉水利用系数大约为0.45。按照当前的节水灌溉发展状况，预计全国灌溉水利用系数2010年可达到0.50~0.55，2030年能够达到0.65[62]。

（三）提高作物水分利用效率的节水技术措施

作物水分利用效率的提高是一个牵涉到众多节水技术措施的过程。根据产生作用的方式，这些技术措施大致可以分为3类：减少用水过程中无效水分消耗的技术措施、促进作物产量提高的技术措施和非充分灌溉措施。有些措施可能同时兼有2种或3种作用。

1. 减少无效水分消耗的主要技术措施

贮存在土壤之中的灌溉水（或降水），其消耗的途径主要有两个。一是通过作物的蒸腾过程散失到周围的大气之中，这是维持作物正常生长发育所必需的，应当尽可能地予以保证。二是从作物棵间土壤表面（水稻是从棵间水面）直接散失到周边的大气之中，这部分水量称为棵间蒸发量，它的消耗与作物生理过程没有直接的关系，减少之后对作物产量一般不会产生负面影响，是可以通过相应的节水技术措施的实施而减少的无效水分消耗量。

对于减少棵间蒸发量，国外的研究主要集中在通过局部灌溉技术的实施，以及通过采用适宜的灌溉模式减少土壤表面湿润的机会来实现。对于利用覆盖技术减少棵间蒸发量，出于实施成本和保护环境的考虑，研究和应用都很少。

我国在利用覆盖技术减少棵间蒸发量方面做了大量的研究工作，取得的研究成果主要表现在如下3个方面：一是对作物棵间蒸发的变化规律进行了系统的研究；二是选择确定了适宜的覆盖材料和实施方法；三是确定了不同区域不同覆盖方式的节水效果[63-66]。

研究结果显示，在作物的整个生长期间，以棵间蒸发的形式直接从土壤表面散发至大气之中的水分，在作物消耗的总水量中占有相当的比重。表1-4是在华北地区通过田间试验实测的几种作物不同生育时期田间耗水量组成[67]。数据显示，冬小麦、夏玉米和大豆全生育的棵间蒸发量分别占总耗水量的32.4%、32.1%和29.5%，在生育前期更高，可达46%~64.9%。

表 1-4 冬小麦、夏玉米和大豆的田间耗水量组成情况

作物	项目						
冬小麦	生育期	播种至拔节	拔节至孕穗	孕穗至开花	开花至灌浆	灌浆至成熟	全生育期
	总耗水量（mm）	164.2	44.5	73.1	73.9	58.0	413.7
	棵间蒸发比例（%）	46.0	35.0	25.0	16.9	21.2	32.4
夏玉米	生育期	播种至七叶	七叶至拔节	拔节至抽雄	抽雄至灌浆	灌浆至成熟	全生育期
	总耗水量（mm）	56.2	79.2	102.5	122.0	77.1	437.0
	棵间蒸发比例（%）	64.9	39.0	17.4	17.1	44.6	32.1
大豆	生育期	播种至苗期	苗期至开花	开花至结荚	结荚至灌浆	灌浆至成熟	全生育期
	总耗水量（mm）	58.7	89.7	42.2	84.1	68.2	342.9
	棵间蒸发比例（%）	57.8	30.5	12.5	16.8	30.2	29.5

注：本表中的数值引自王会肖等人的研究结果，特此致谢。

目前采取的地面覆盖措施有地膜覆盖、秸秆覆盖、沙石覆盖和残茬覆盖等类型，其中地膜覆盖和秸秆覆盖是生产上主要的覆盖措施。

研究结果表明，地膜覆盖一般可以使棵间蒸发量减少 70%～80%[64]。此外，地膜覆盖还具有明显的增温作用，可以促进作物在早期的生长，这一作用在冷凉地区，以及对早春播种的作物意义很大，可以明显延长作物的生育时期，起到显著的增产作用，因此地膜覆盖节水要尽量和增温作用结合起来。但地膜覆盖对土壤环境的污染严重，已引起各界的严重关注。虽然可降解膜的研究已有一定的进展，但污染环境的问题尚未得到很好的解决。

秸秆覆盖减少棵间蒸发的作用要明显小于地膜覆盖，一般可使棵间蒸发量减少 40%～50%。但秸秆覆盖没有污染，并且能兼顾秸秆还田，因此值得大力推广[67]。应用中显露的主要问题是费工费时，还有可能影响当季作物的灌溉和后季作物的播种。在美国及欧洲的一些国家，将秸秆覆盖（或残茬覆盖）与免耕技术结合起来，并辅之以化学除草，形成了一套完整的耕作技术体系，起到了保水、保土、防风蚀、防土壤结构破坏、降低农田作业成本的作用，值得学习借鉴[68-69]。

局部灌溉也是减少棵间土壤表面蒸发量的一项有效措施。滴灌供水时田间的湿润比只有 0.3～0.4[7,70]，因此具有明显减少棵间蒸发的作用。近几年在我国新疆地区棉花种植中开始大面积使用膜下滴灌，将滴灌和薄膜覆盖的作用组合在一起，减少棵间蒸发的作用更为明显，减少的棵间蒸发量可达作物需水量的 20%左右[71-72]。

2. 提高作物产量的主要技术措施

灌溉农业中，除水分因子外，影响产量的因素还有很多。由于几乎所有的农事活动都是围绕提高作物产量而开展的，因此在灌溉农田上采用的所有农作措施都可以算作提高作物产量的技术措施。研究显示[73-76]，对灌溉农业水分利用效率提高有明显作用的主要是以下一些农作措施。

（1）选育与应用适宜的作物种类与品种

不同作物种类在总需水量和水分利用效率方面都有着很大的差别[76-77]。表1-5是根据全国灌溉试验资料整理的几种主要粮食作物的水分利用效率（经济产量与实际耗水量的比率），最小值是大豆，其水分利用效率为0.57 kg/m^3，最高值是高粱，其水分利用效率为1.91 kg/m^3，相差3倍多。应当指出的是，不同作物种类由于其营养价值、用途和生长所需环境的不同，因此有其不同的社会需求。水分利用效率的高低不是作物种类选择的决定性依据，但在规划区域生产发展和水资源利用时却是重要的参考因子之一。

表1-5　全国灌溉农田主要粮食作物的水分利用效率

作物种类	平均水分利用效率（kg/m^3）	样点数
水稻		
早稻	0.72	583
中稻	0.71	1 010
晚稻	0.63	583
小麦		
冬小麦	1.32	1 057
春小麦	0.80	189
玉米		
春玉米	1.70	416
夏玉米	1.74	418
谷子		
春谷	1.10	58
夏谷	0.74	10
大豆	0.57	41
高粱	1.91	57
主要粮食作物平均	1.10	4 422

同一种作物的不同品种，由于其遗传特性上的差异，即使种植在完全相同的环境条件之下，对水分的利用效率也会有所差异（表1-6）。

表 1-6 冬小麦不同品种田间水分利用效率比较

品种名称或代号	灌水量（mm）	土壤水利用量（mm）	总耗水量（mm）	产量（kg/hm²）	水分利用效率（kg/m³）
5135	192. 3	239	512	7 812	1. 527
5180	196. 7	230	507	8 209	1. 619
4158	197. 1	198	475	8 100	1. 707
北京 6 号	196. 7	232	509	7 221	1. 420
矮秆麦	192. 2	235	507	8 156	1. 607
轮抗 6 号	192. 6	223	496	7 220	1. 457
轮抗 7 号	201. 5	213	494	7 070	1. 431

注：引自《节水新概念——真实节水的研究与应用》，第 96 页。

由表 1-6 可以看出，所选品种在水分利用总量上的表现是比较一致的（4158 除外），总耗水量最小为 494 mm，最大为 512 mm，相差不超过 5%；而在产量水平上，这些品种却表现出明显的差异，最高 8 209 kg/km²，最低 7 070 km²，相差达到了 16. 1%；最后体现在水分利用效率上，最高值为 1. 619 kg/m³，最低值为 1. 420 kg/m³，相差 14. 0%。可以说，这几个品种在水分利用效率上的差异主要是由于在产量形成特性上的差异所致。4158 这一品种需要特别分析，它的总耗水量明显低于其他品种，而产量却处于较高水平，使其水分利用效率在 7 个供试材料中处于最高。水分利用效率高是用水量少和产量高共同作用的结果，表明了这一品种良好的节水、高产特性。

有学者指出，在灌溉农田上，适宜品种的选育与选用应以提高水分利用效率为主要目标，高产、节水，抗旱等特性都是服务于这一目标的判别因子[23]。

（2）采用适宜的种植模式和田间管理技术

研究结果显示，间作套种是充分利用当地光热资源、提高单位耕地生产能力的一项有效的手段[78-79]。采用间作套种后，总的需水量可能比单作有一定程度的增加，但单位面积的总产量会有较大幅度的增加，从而使得最终的水分利用效率有大幅度的提高[80-81]。此外，农业生产过程中一些传统的田间管理技术措施，包括适期播种、适宜的种植密度、防治病虫害、适时打杈整枝、适时收获等，都会对产量提高起到有益的作用，从而对提高田间水分利用效率提供帮助。

（3）水肥耦合高效利用技术

这项技术措施主要有配方施肥和水肥联合施用两种表现形式[74,82]。

配方施肥可以针对作物对营养元素的需求和土壤的供给能力，确定合适的肥料种类和施肥量，保证营养的均衡供应，消除最小限制因子，为高产打下良好的基础[83-84]。

水肥联合施用另外一个主要考虑的方面是灌水时期和施肥时期的联合与协调问题，防止因灌水不当造成肥效难以发挥或是肥料的大量流失，同时防止因保证施肥需求而加大灌溉水用量，达到同步提高水分利用效率和肥料利用率的目标。目前在国外高效农业中得到广泛应用的施肥灌溉（Fertigation）技术是水肥耦合利用技术的最好表现形式[85-86]。

3. 非充分灌溉技术

非充分灌溉技术是针对农业水资源越来越紧缺的现实而开发的农田高效用水技术。它是从作物对水分胁迫的反应机制出发，利用作物水分消耗过程和干物质积累过程的不同步性[87]，以及作物个体发育目标与生产目标的不同步性[88]，借助先进的水分监测与调配技术，通过对供水过程的科学精量调控，实现对作物生长过程和干特质积累、分配过程的有效调控，最终实现高效用水的目标。非充分灌溉技术不追求个体最佳发育，也不追求单位面积产量最高，其目标是通过少量的减产，实现用水量的大幅度下降，从而大大提高水分利用效率[89-90]。在近些年的研究和生产实践中，以非充分灌溉技术的实施为先导，对当前生产上一些不合理的用水模式进行改革，在明显减少水量消耗的情况下，还实现了产量不下降，甚至还有一定程度增加的良好结果[88,91]。目前已经在生产上得到一定程度的应用，试验结果显示出具有良好应用前景的一些非充分灌溉技术措施如下。

（1）水稻节水灌溉技术

包括“薄浅湿晒”“薄露灌溉”和“控制灌溉”等形式。大面积的应用结果显示，这些水稻节水技术措施一般可使稻田灌溉用水量减少10%左右[92]。

（2）调亏灌溉技术

调亏灌溉技术在桃树上的应用已取得了明显的效果[88,93]。近些年，一些学者开始探索这种技术在大田作物上应用的可行性和实施技术。研究结果显示[94-98]，在少量减产或基本不减产的情况下，大田作物实施调亏灌溉可以减少耗水量10%左右，从而使作物水分利用效率提高10%～15%。

（3）控制性分根交替灌溉技术

控制性分根交替灌溉是近些年发展起来的一项非充分灌溉新技术，它通过有目的地创造位置变换的局部灌溉环境，在不显著影响作物产量的基础上，较大幅度地减少作物耗水量，从而显著提高作物水分利用效率[94,99-101]。这项技术充分利用和发挥了作物自身对环境的适应与调节能力，将局部灌溉和调亏灌溉的优势很好地结合了起来。试验室结果显示，在维持产量不变的条件下，可减少耗水量 34.4%~36.8%。在干旱地区大田应用的结果显示，与常规沟灌相比，在产量基本不变的情况下，可减少耗水量 40%以上[94,102]。

四、灌溉农业节水潜力的确定及开发途径

从目前的研究与应用情况看，灌溉农业节水潜力及其开发主要涉及以下 3 个方面的问题。

（一）灌溉农业节水潜力的组成

灌溉农业节水潜力由哪些成分组成，截至目前还是一个没有得到统一认识的问题。有的学者从供水利用的角度出发，认为节水潜力是由渠道输水过程中损失的水量和田间配水过程中损失的水量组成[11,17]。有的学者则从水资源总量的角度出发，认为灌溉过程中损失的水量，有相当一部分最后又回归到了区域水资源系统之中，并且可供随后的灌溉过程或其他用水过程使用，因此不能算作节水潜力。灌溉过程中损失的水量，只有通过无效蒸发过程散失到大气之中的水量，以及流入区域内无法利用的水体中的水量，以及最后流入海洋中的水量，才能计为节水潜力[103]。

灌溉农业节水潜力的考虑范畴也是一个没有取得一致认识的问题。过去从供水利用角度对节水潜力所做的分析，主要认为节水潜力是可以直接节约下来、并可人为调动用于其他供水目标使用的水量，所以考虑的节水潜力主要是节约灌溉用水的潜力。而从水资源需求量这一角度所作的节水潜力分析，不仅考虑灌溉过程中的水资源需求量减少，更是将重点放在采用覆盖措施节水及增产措施增加产量后对水资源需求量的减少上，认为这才是真正的节水，并提出了“真实节水量”的概念[103]。

（二）灌溉农业节水潜力的确定

不论采用什么样的概念，节水潜力都是通过现状灌溉用水量减去现状需水量计算得到。现状灌溉用水量没有什么争议，都用的是统计数据。但对于现状需水量的确定，却有着很大的差别，由此也使得最后节水潜力的估算结果大相径庭。

第一种方法是把现状灌溉用水条件下实际补充给作物利用的水量作为现状需水量对待[17,104]。比如现状灌溉用水为 3 500 亿 m^3，而全国综合灌溉水利用系数约为 0.40，如此计算，理论节水潜力为 2 100 亿 m^3。如果将综合灌溉水

利用系数提高到0.6，约可实现节水潜力700亿 m^3，如果提高到0.7，则可节水1 050亿 m^3。从供水利用角度估算节水潜力多采用这种方法。

第二种方法是以现状用水量为基础，把现状作物产量设为不变数值，就此计算获得现状产量所需要的最少水资源数量，并把这一数值结果作为现状需水值使用，以此估算节水潜力。这一方法计算过程比较复杂，也需要作物种植结构、产量变化等方面和数值。从减少资源消耗量角度估算节水潜力采用这种方法[103]。

第三种方法是在第一种基础上发展而来，主要差异在于现状需水量采用的是保证区域内灌溉面积上作物生长所需的水量。对作物所需水量的处理，有的采用充分灌溉模式，也有的采用非充分灌溉模式，这也会引起估算的节水潜力结果的较大差异[105]。

在西北地区，灌溉用水过程中损失掉的水量，有相当一部分是被生态植被消耗掉了，由于这部分水量消耗对区域生态环境具有良好作用，也是保证区域农业生产稳定的一个重要条件，故而许多学者认为这部分水量不应包括在节水潜力之中[9]。

（三）灌溉农业节水潜力的开发

对于如何开发灌溉农业的节水潜力，学者们进行过大量的分析探讨[106-107]。从节水途径的选择，到节水模式的制定，以及节水技术措施的具体实施，都有大量的论述[108-109]。对近些年发表的众多论述进行分析总结，可以得知灌溉农业节水潜力的开发需要特别关注以下几个问题。

第一，节水潜力开发需要多部门、多学科联合，工程措施、农业措施和管理措施并举。

第二，节水潜力开发要因地制宜，根据当地的具体条件选择节水模式和节水技术措施。

第三，节水潜力开发要兼顾社会效益、生态效益和社会效益。

第四，节水潜力的开发要有强大的科研作后盾，又要有良好的政策法规作保障。

第四节 研究目标和研究方法

一、研究目标

本研究以区域灌溉农业节水潜力的估算和开发为主线，对节水农业发展过程中相关的一些问题进行深入的分析和探讨。通过有关研究内容的实施，力求对一些尚且模糊的概念给出比较清晰的定义，对一些尚存较大争议的问题提出自己的认识。在此基础上，初步提出灌溉农业节水潜力的估算方法，然后以西北地区为实例确定具体的节水潜力数值，并以此为基础对西北地区灌溉农业节水潜力的开发途径和需要重点解决的问题提出自己的见解。通过本项研究进行深入探讨分析的几个主要问题为：节水农业的内涵和技术体系、节水农业发展水平的评价标准、节水潜力的定义和组成、节水潜力的估算方法、西北地区节水潜力的组成和节水潜力值、西北地区节水潜力开发的主导技术措施和西北地区节水潜力开发的经济与政策需求。

二、研究内容

针对上述研究目标，本项研究设置的主要研究内容包括如下几个方面。

（一）节水农业的内涵和技术体系

研究内容包括节水农业的兴起缘由、节水农业承载的社会使命、节水农业的内涵和定义、节水农业的发展目标、节水农业发展水平的评价标准、节水农业的技术体系等几个方面。

（二）节水潜力的定义和确定方法

包括节水的实现途径、工程措施节水潜力的考虑方式、农业措施节水潜力的考虑方式、工程措施最大节水潜力的估算方法、农业措施最大节水潜力的估算方法，以及工程措施节水潜力和农业措施节水潜力阶段可实现值的估算方法等研究内容。

（三）西北地区灌溉农业节水潜力的估算

研究内容包括西北地区节水潜力估算的实施途径、节水潜力估算时生态需水量的确定方法、回归水的确定方法、最大节水潜力的估算确定、2010 年可实现节水潜力的确定、2030 年可实现节水潜力的估算确定等几个方面。

（四）西北地区灌溉农业节水潜力的开发

包括西北地区灌溉农业节水潜力的区域分布、灌溉农业节水潜力实现后价值的可能体现方式、灌溉农业节水潜力开发的技术途径、西北地区灌溉农业节水潜力开发的经济效益问题和投入需求，以及节水潜力开发的政策和法规需求等研究内容。

三、研究方法

“节水农业的内涵和技术体系的研究”在深入分析节水农业的兴起和承载的社会使命的基础上，针对当前节水农业发展过程中突现出来的一些问题的解决需要，在充分借鉴前人已有的研究成果的基础上进行分析研究。使节水农业的内涵和技术体系的研究结果成为节水潜力的定义、估算和开发等方面研究的基础。

“节水潜力的定义和确定方法”的研究以建立的节水农业技术体系为基础，充分考虑工程节水措施和农作节水措施作用方式的差异，并充分考虑作物生产的水分需要以及节水潜力开发的需要，使节水潜力的内涵既能覆盖所有的节水技术措施，又能够为区域节水农业的发展提高科学依据和现实指导。

“西北地区灌溉农业的节水潜力”根据西北地区的气候、地理及水资源特征，并考虑节水潜力开发过程中行政管理的需求，采用逐级分区的方法进行确定。在宏观上以省区为基本汇总单元，在微观上则根据需要划分更多的估算单元，保证估算结果既能使各级子区域的差异得到充分体现，又能保证区域数值的宏观代表性。计算过程中还要对西北地区的生态需水和灌溉用水的回归问题予以充分的考虑。

“西北地区灌溉农业节水潜力的开发”以估算确定的节水潜力的区域分布为基础，在广泛吸收前人已有研究成果的基础上，为西北地区各类节水潜力的开发提出适宜的模式，并确定相应的主导技术。同时在对西北地区目前制约节水农业快速发展的主要因素进行深入系统分析的基础上，提出西北地区灌溉农业节水潜力开发的投入需求和政策法规需求。

研究过程中做到以下几个相结合：一是宏观分析与实证分析相结合；二是定性分析与定量分析相结合；三是技术分析与经济分析相结合；四是现状分析与趋势预测相结合。这样的研究既能使研究结果既能体现各地的实际情况，又能全面反映区域的总体问题；既能展现宏观的发展趋势，又能实现精确的量化表达；既能反映技术进步的潜力，又能与经济的发展相适应；既能指导当前的节水农业实践，又有助于未来节水农业发展方向的把握。

主要参考文献

[1] 张启舜. 水、生命与环境——从国际水问题看我国节水灌溉革命[M] //科学技术部农村与社会发展司. 中国节水农业问题论文集. 北京：中国水利水电出版社，1999：58-76.

[2] 水利部农村水利司. 新中国农田水利史略［M］. 北京：中国水利水电出版社，1999.
[3] 中国水利年鉴编纂委员会. 2001 年中国水利年鉴［M］. 北京：中国水利水电出版社，2001.
[4] 中华人民共和国水利部. 2000 年中国水资源公报［R］. 中华人民共和国国务院公报，2001.
[5] 刘昌明，何希吾. 中国 21 世纪水问题方略［M］. 北京：科学出版社，1998.
[6] 石玉林，卢良恕. 中国农业需水与节水高效农业建设［M］. 北京：中国水利水电出版社，2001.
[7] ALLEN R G，PEREIRA L S，RAES D，et al. Crop Evapotranspiration—Guidelines for computing crop water requirements［J］. FAO Irrigation and Drainage Paper，1998，56：7-11.
[8] 陈玉民，郭国双. 中国主要作物需水量与灌溉［M］. 北京：水利电力出版社，1995.
[9] 刘昌明，陈志恺. 中国水资源现状评价和供需发展趋势分析［M］. 北京：中国水利水电出版社，2001.
[10] 潘家铮，张泽祯. 中国北方地区水资源的合理配置和南水北调问题［M］. 北京：中国水利水电出版社，2001.
[11] 黄修桥. 节水灌溉与农业的可持续发展［M］//水利部农村水利司. 农业节水探索. 北京：中国水利水电出版社，2001：181-185.
[12] 吴景社，黄宝全. 谈谈我国灌溉科技总体水平与世界先进水平的差距［M］//水利部农村水利司. 节水灌溉. 北京：中国农业出版社，1998：69-73.
[13] 段爱旺，张寄阳. 中国灌溉农田粮食作物水分利用效率的研究［J］. 农业工程学报，2000（4）：41-44.
[14] 汪恕诚. 水资源可持续利用是实现社会经济可持续发展的必要前提［M］//水利部农村水利司. 农业节水探索. 北京：中国水利水电出版社，2001：1-5.
[15] 中共中央十五届三中全会公报. 中共中央关于农业和农村工作若干重大问题的决定［J］. 中华人民共和国国务院，1998（26）：996-1011.
[16] 陈雷. 节水灌溉是一项革命性的措施［M］//水利部农村水利司. 农业节水探索. 北京：中国水利水电出版社，2001：24-31.

[17] 冯广志. 我国节水灌溉发展的总体思路 [M] //科学技术部农村与社会发展司. 中国节水农业问题论文集. 北京：中国水利水电出版社，1999.

[18] 全国节水农业和灌排科技发展学术讨论会. 发展我国节水农业的若干建议 [C] //中国农业科学院. 全国节水农业和灌排科技发展学术讨论会论文专集，1989：1-6.

[19] BARKER R，MOLDEN D. Water Saving Irrigation for Paddy Rice：Perceptions and Misperceptions，International Symposium on Water Saving Irrigation for Paddy Rice [C]. 1999：54-64.

[20] World Bank. Delegation for Chinese Water Conservation Project [C]. Water Conservation Project-Technical Assistance Mission，1999.

[21] 贾大林. 节水农业是提高用水有效性的农业 [J]. 农村水利与小水电，1995 (1)：5-6.

[22] 贾大林，司徒淞，庞鸿宾. 节水农业技术体系与途径研究 [M] //许越先，刘昌明，沙和伟. 农业用水有效性研究. 北京：科学出版社，1992.

[23] 山仑，张岁岐. 节水农业及其生物学基础 [M] //科学技术部农村与社会发展司. 中国节水农业问题论文集. 北京：中国水利水电出版社，1999：30-41.

[24] 冯广志. 节水灌溉体系和正确处理节水灌溉工作中的几个关系 [M] //水利部农村水利司. 农业节水探索. 北京：中国水利水电出版社，2001：41-47.

[25] 刘昌明，王会肖. 节水农业内涵商榷 [M] //石元春. 节水农业应用基础研究进展. 北京：中国农业出版社，1995：7-19.

[26] 沈振荣，杨小柳，裴源生. 加强中国农业高效用水发展战略与策略的研究 [M] //沈振荣，苏人琼. 中国农业水危机对策研究. 北京：中国农业科学技术出版社，1998：97-117.

[27] 胡毓骐，李英能. 华北地区节水型农业技术 [M]. 北京：中国农业科学技术出版社，1995.

[28] 陶毓汾，王立祥. 中国北方旱农地区水分生产潜力及开发 [M]. 北京：气象出版社，1993.

[29] PATWARDHANM A S，NIEBER J L，JOHNS E L. Evaluation of effective rainfall estimation methods [J]. J. Irrig. Drain. Amer. Soc. Civil Eng，1990，116 (2)：182-193.

[30] 水利部农村水利司. 节水灌溉技术规范 [M] //水利部农村水利司. 节水灌溉技术标准选编. 1-22.

[31] TURNER N C. Plant water relation and irrigation management [J]. Agricultural Water management, 1990, 17: 59-73.

[32] 段爱旺. 作物水分利用效率的内涵及确定方法 [M] //中国农业工程学会农业水土工程专业委员会. 农业高效用水与水土环境保护. 西安: 陕西科学技术出版社, 127-131.

[33] STEWART B A , MUSICK J T. Yield and water use efficiency of grain sorghum in a limited irrigation dryland farming system [J]. Agronomy Journal, 1983, 75: 629-634.

[34] 李英能. 试论我国农业高效用水技术指标体系 [M] //水利部农村水利司. 节水灌溉. 北京: 中国农业出版社, 1998: 33-37.

[35] 雷志栋, 胡和平, 杨诗秀. 关于提高灌溉水利用率的认识 [M] //水利部农村水利司. 农业节水探索. 北京: 中国水利水电出版社, 2001: 186-188.

[36] STANHILL G. Water use efficiency [J]. Advances in Agronomy, 1986, 39: 53-85.

[37] 田魁祥, 刘孟雨, 张喜英. 华北地区节水农业发展方向及策略商榷 [M] //科学技术部农村与社会发展司. 中国节水农业问题论文集. 北京: 中国水利水电出版社, 1999: 170-178.

[38] BOUWER H. 1988. Surface water-groundwater relations for open channels [C]. //Planning now for irrigation and drainage in the 21st Century. ASCE, 1998: 149-156.

[39] HOTES F L, KRUSE E G, CHRISTOPHER J N, et al. Irrigation canal seepage and its measurement, a state - of -the-art review [C] //Development & Management Aspects of Irrigation & Drainage Systems. ASCE, 1985: 93-105.

[40] 李安国. 渠道防渗工程技术简述 [M] //水利部农村水利司. 节水灌溉. 北京: 中国农业出版社, 1998: 92-95.

[41] 李英能. 高效利用水资源的灌溉技术 [M] //沈振荣, 苏人琼. 中国农业水危机对策研究. 北京: 中国农业科学技术出版社, 1998: 185-204.

[42] 段爱旺. 以色列的农业高效用水技术及启示 [J]. 灌溉排水, 1999 (增刊): 174-178.

[43] 周福国，王彦军. 渠灌区管道输水灌溉技术 [M] //水利部农村水利司. 节水灌溉. 北京：中国农业出版社，1998：119-123.

[44] 周福国. 在渠灌区发展低压管道技术的几点体会 [M] //水利部农村水利司. 农业节水探索. 北京：中国水利水电出版社，2001：231-234.

[45] 余玲. 井灌区低压管道输水有关技术浅议 [M] //水利部农村水利司. 节水灌溉. 北京：中国农业出版社，1998：115-118.

[46] SCS of United States Department of Agriculture. Irrigation Water Requirement [M]. In Part 623 National Engineering Handbook, 1993.

[47] WALKER W R, SKOGERBOE G V. Surface Irrigation, Theory and Practice [M]. Englewood Cliffs, NJ: Prentice Hall Inc., 1987

[48] 钱蕴壁，李益农. 地面灌水技术的评价与节水潜力 [J]. 灌溉排水，1999 (增刊)：100-105.

[49] STRINGHAM G E, KELLER J. Surge flow for automatic irrigation in Proceedings of the 1979 ASCE Irrigation and Drain [C]. Div. Specialty Conf., 1979: 132-143.

[50] WALKER R W. Explicit sprinkler irrigation uniformity: efficiency model [J]. Amer. Soc. Civil Eng., 1979 (105): 129-136.

[51] HOLZAPFEL E A, MARINO M A, CHAVEZ MORALES J. Comparison and Selection of Furrow Irrigation Models [J]. Agricultural Water Management, 1984, 9 (2): 105-125.

[52] THOMPSON A L, GILLEY J R, NORMAN J M. Modeling water losses during sprinkler irrigation [C]. Presented at the summer meeting. Amer. Soc. Agric. Eng. Rapid City, SD, 1988: 15.

[53] 赵竞成. 论我国的农田沟、畦灌溉技术的完善与改进 [M] //水利部农村水利司. 节水灌溉，1998：85-91.

[54] 王文焰. 波涌灌溉试验研究与应用 [M]. 西安：西北工业大学出版社，1994.

[55] 李英能. 对我国喷灌技术发展若干问题的探讨 [M] //水利部农村水利司. 农业节水探索. 北京：中国水利水电出版社，2001：223-226.

[56] 徐茂云. 微喷灌技术在我国的应用与发展 [M] //水利部农村水利司. 节水灌溉，1998：170-173.

[57] 段爱旺，白晓君. 美国灌溉现状分析 [J]. 灌溉排水，1999 (1)：52-56.

[58] 高占义. 灌溉水管理的发展趋势［M］//水利部农村水利司. 农业节水探索. 北京：中国水利水电出版社，2001：48-55.
[59] 刘培斌. 土壤墒情监测与灌水预报［J］. 节水灌溉，1998：211-214.
[60] STEWART B A，DUSEK D A，MUSICK J T. A management system for the conjunctive use of rainfall and limited irrigation of graded furrows［J］. Soil Sci. Am. J.，1981，45（2）：413-419.
[61] ZIMBELMAN D D. Planning，operation，rehabilitation，and automation of irrigation delivery systems［J］. New York Ny American Society of Civil Engineers，1987：28-30.
[62] 黄修桥，段爱旺. 我国节水灌溉农业建设途径研究［J］. 灌溉排水，1999（4）：1-6.
[63] 黄介生，沈荣开. 地膜覆盖技术的研究现状与展望［J］. 北京：中国农村水利水电，1997（S1）：80-81.
[64] 中国地膜覆盖栽培研究会. 地膜覆盖栽培技术大全［M］. 农业出版社，1988.
[65] 李荣超，彭世彰，王永乐，等. 覆膜旱作水稻需水规律试验研究［J］. 灌溉排水，2000（3）：25-28.
[66] 智一标，赵立新. 玉米和小麦地膜覆盖保墒机理初探［M］//石元春，刘昌明，龚元石. 节水农业应用基础研究进展. 北京：中国农业出版社，1995：182-190.
[67] 张喜英，刘昌明. 华北平原农田节水途径分析［M］//石元春，刘昌明，龚元石. 节水农业应用基础研究进展. 北京：中国农业出版社，1995：156-163.
[68] STEWART B A，1988，Dryland Farming：The North American Experience. Challenges in Dryland Agriculture. Texas. USA.
[69] UNGER P W. Straw-mulch rate effect on soil water storage and Sorghum yield［J］. Soil Science Societ of American Journal，1978，42：485-491.
[70] PRUITT W O，FERERES E. Microclimate，evapotranspiration，and water-use efficiency fro drip- and furrow- irrigated tomatoes［C］//Proceedings 12th Congress，International Commission on Irrigation and Drainage. Ft. Collins，CO.，1984：367-394.
[71] 余渝，周小凤，邓福军. 试论实现新疆棉花高产优质高效的途径［J］. 农业科技通讯，2000（8）：10-11.

[72] 农八师 144 团膜下滴灌技术应用效益明显 [R]. 西部大开发塑料论坛会议简报，2000.

[73] 韩湘玲. 提高作物水分利用率的农业技术研究进展 [M] //石元春，刘昌明，龚元石. 节水农业应用基础研究进展. 北京：中国农业出版社，1995：141-149.

[74] 李英能，段爱旺，吴景社. 作物与水资源利用 [M]. 重庆：重庆出版社，2001.

[75] 刘昌明，王会肖. 节水农业内涵商榷 [M] //石元春，刘昌明，龚元石. 节水农业应用基础研究进展. 北京：中国农业出版社，1995：7-17.

[76] 荆家海，HSIAO T C. 水分胁迫和胁迫后复水对玉米叶牌生长速率的影响 [J]. 植物生理学报，1987 (5)：51-57.

[77] 陈玉民，郭国双，王广兴，等. 中国主要作物需水量与灌溉 [M]. 北京：中国水利水电出版社，1995.

[78] 刘巽浩，牟正国. 中国耕作制度 [M]. 北京：中国农业出版社，1993.

[79] 沈亨理. 农业生态学 [M]. 北京：中国农业出版社，1996.

[80] 王仰仁，杨丽霞. 作物组合种植的需水量研究 [J]. 灌溉排水，2000 (4)：65-67.

[81] 水利部中国农科院农田灌溉研究所. “九五” 国家攻关专题 “节水灌溉与农艺节水技术” (96-06-02-03) 研究报告 [R]. 2000.

[82] 王凤仙，李韵珠. 土壤水分利用效率与氮素水平的关系 [M] //石元春，刘昌明，龚元石. 节水农业应用基础研究进展. 北京：中国农业出版社，1995：125-130.

[83] WOLFE D W，HENDERSON D W，HSIAO T C，et al. Interactive water and nitrogen effects on senescence of maize. I. Leaf area，duration，nitrogen distribution and yield [J]. Agronomy Journal，1988，80：859-865.

[84] SHIMISHI D. The effect of nitrogen supply on some indices of plant water relation of bean [J]. New Phyto.，1977，69：413-424.

[85] DOOGE J C I. The waters of the Earth [J]. Hydrol. Sci. J.，1984，29 (2)：149-176.

[86] THREADGILL E D，EISENHAUER D E，1990. Chemigation [M] //In Management of farm irrigation system. HOFFMAN G J，HOWELL T A，

SOLOMON K H, Amer. Soc. Agric. Eng. Monograph, St. Joseph, 749-780.

[87] 于沪宁. 作物水分胁迫反应机制及其在节水农业研究中的应用 [M] // 石元春, 刘昌明, 龚元石. 节水农业应用基础研究进展. 北京: 中国农业出版社, 1995: 89-99.

[88] 曾德超, 彼得·杰里. 果树调亏灌溉密植节水增产技术的研究与开发 [M]. 北京: 北京农业大学出版社, 1994.

[89] LEVITT R. Responses of Plants to Environmental Stresses [M]. New York: Academic Press, 1980.

[90] TANJI K K, YARON B. Management of Water Use in Agriculture [M]. New York: Springer-Verlag Press, 1994.

[91] 吴锡瑾, 高时端. 广西千万亩水稻节水灌溉技术开发的意义及效益 [J]. 节水灌溉, 1998: 205-210.

[92] 彭世彰, 俞双恩, 张汉松, 等. 水稻节水灌溉技术 [M]. 北京: 中国水利水电出版社, 1998.

[93] 雷廷武, 曾德超, 王小伟, 等. 调控亏水度灌溉对成龄桃树生长和产量的影响 [J]. 农业工程学报, 1991 (4): 63-69.

[94] 康绍忠, 蔡焕杰. 作物根系分区交替灌溉和调亏灌溉的理论与实践 [M]. 北京: 中国农业出版社, 2002.

[95] BOLAND A M, MITCHELL P D, JERIE P H. Effect of regulated deficit irrigation on tree water use and growth of peach [J]. J. Hort. Sci., 1993, 68: 261-274.

[96] MITCHELL P D, CHALMERS D J, JERIE P H. The use of initial withholding of irrigation and tree spacing to enhance the effect of regulated deficit irrigation on pear trees [J]. J. Am. Soc. Hort. Sci., 1984, 111: 858-861.

[97] CHALMERS D J, MITCHELL D J, JERIE P H. The physiology of growth control of peach and pear trees using reduced irrigation [J]. Acta Horticulture, 1984, 146: 143-149.

[98] ROWSON M H, TURNER N C. Recovery from water stress in five sunflower (*Helianthus Annuus* L.) cultivars. I. Effects of timing of water application on leaf area and seed production [J]. Aust. J. Plant Physiol., 1982, 9: 437-448.

[99] 康绍忠, 张建华, 梁宗锁. 控制性交替灌溉——一种新的农田节水调控

思路 [J]. 干旱地区农业研究，1997 (10)：4-9.

[100] 段爱旺，肖俊夫，张寄阳，等. 控制交替沟灌中灌水控制下限对玉米叶片水分利用效率的影响 [J]. 作物学报，1996 (6)：766-771.

[101] TARDIEU F，ZHANG J. Relative contribution of apices and mature tissues to ABA synthesis in drought maize root systems [J]. Plant Cell Physiol.，1986，37 (5)：1-8.

[102] 梁宗锁，康绍忠，胡炜，等. 控制性分根交替灌溉的节水效益 [J]. 农业工程学报，1997 (4)：63-68.

[103] 沈振荣，汪林，于福亮，等. 节水新概念——真实节水的研究与应用 [M]. 北京：中国水利水电出版社，2000.

[104] 吴景社. 农业高效用水技术研究、设备开发及产业化的总体设计思路 [M] //科学技术部农村与社会发展司. 中国节水农业问题论文集. 北京：中国水利水电出版社，1999：104-124.

[105] 傅国斌，于静洁，刘昌明，等. 灌区节水潜力估算的方法及其应用 [J]. 灌溉排水，2001 (2)：24-28.

[106] 李英能. 我国现阶段发展节水灌溉应注意的几个问题 [M] //科学技术部农村与社会发展司. 中国节水农业问题论文集. 北京：中国水利水电出版社，1999：159-169.

[107] 沈荣开. 我国北方半干旱、半湿润地区实施节水灌溉的几点意见 [M] //水利部农村水利司. 农业节水探索. 北京：中国水利水电出版社，2001：120-126.

[108] 吴普特，汪有科. 渠灌类型区农业高效用水模式初探 [M] //吴普特. 中国西北地区水资源开发战略与利用技术. 北京：中国水利水电出版社，2001：121-131.

[109] 薛克宗，贾大林，周福国. 井渠结合——实现以节水为中心的灌区改造 [M] //匡尚富，高占义，许迪. 农业高效用水灌排技术应用研究. 北京：中国农业出版社，2001.

第二章 节水农业的内涵与技术体系

第一节 节水农业的内涵

一、对节水农业内涵的几种认识

"节水"是一个有着悠久历史的概念。在农业生产领域，它的原始意义应该是减少生产过程中的水量消耗，从而减少提水或引水数量，达到减少劳动力消耗和降低生产成本的目标。近十多年，随着全国性节水农业的迅速发展，"节水"这一概念应用得越来越频繁，其内涵和目标也在不断得到丰富和发展。

针对农业节水的内涵与目标，许多学者从不同的学科、不同的视角阐述了自己的观点和认识。粟宗嵩[1]先生根据20世纪70—80年代出现的世界性水资源紧缺状况，认为大力发展节水型灌溉农业是解决这一问题的关键所在。他在文章中指出"水荒是人为之失，是不问水源的天赋及其动态特征，盲目用水，浪费水量的后果。浪费的水不仅直接削弱水源的供水能力，在大旱时加重旱害的损失，还可以其副作用为害于水资源。工业的污废水通过水污染而破坏水资源、恶化水环境条件。农田灌溉中的渠系和田间灌水所产生的深层渗漏不但带来了二次处理（排水、井灌）的劳费，还可并重等同，甚至超过工业污废水产生的副作用（影响面大且深及地下水），如沼泽盐碱化破坏的耕地生产，要求以新开灌溉面积来补偿，从而增加水量的开采和新的浪费，形成恶性循环"。为了解决这一日益严重的问题，世界各国都"抓现实、策长远"，于是推出节约用水，保护水资源和水环境，作为此一时期水利建设的总指导。

针对我国更为严峻的用水形势，特别是北方地区在农业迅速发展初期即显现出来的水资源严重短缺的问题，粟宗嵩先生在文章中着重指出"照搬国外一般性的节约用水措施是远远不够的。审时度势，实施节水灌溉，并上升到以之为导向，建设具有中国特色的节水型灌溉农业的高度，定为国策"。粟宗嵩先生的论述重点强调了过量用水对水资源和生态环境的危害及发展节水灌溉的必要性，认为大力发展节水型灌溉农业是解决我国水资源紧缺和水环境恶化问题的根本出路。

关于节水农业，贾大林先生给出如下的论述，“所谓节水农业是在充分利用降水的基础上采取水利和农业措施提高水的利用率和水的利用效益的农业。也可以说是节水灌溉农业和旱地农业的结合，因为没有不用水的农业，灌溉只是人工补充降水对作物各生育期需水的不足。节水灌溉农业是从灌溉技术、灌溉制度和灌溉管理上力求节水。旱地农业是充分利用降水的农业，也可以称之为雨养农业。它是利用工程措施、耕作措施和生长措施力求增产的农业，两者结合起来形成节水农业的整体”[2] “通过节水灌溉措施以提高水的利用率，用节水农业措施提高水的利用效率”[3]。

贾大林先生在其他一些文章中对此做过更多的论述，他认为“节水农业是提高用水有效性的农业，也就是充分利用降水和可利用的水资源并采用农业的和水利的措施提高水的利用率和水的利用效率的农业，它包括节水灌溉农业和旱地农业。节水灌溉是节水灌溉农业的一项重要措施。节水农业还包括：节水高产品种选育、节水施肥增产技术、节水高效栽培技术，以及减少土壤蒸发和奢侈蒸腾等，这与节水灌溉一样，都是提高农业用水有效性的具体内容，节水灌溉只是节水农业的一部分”[4]。

贾大林先生的论述重点强调了水的高效利用问题，以提高水的利用率和利用效率，从而最终实现水资源的高效利用为基线，确定了节水农业的基本内涵和科学范畴，即节水农业是节水灌溉农业和旱地农业的有机结合体，是提高用水有效性的农业。对于这一论述，王新元等[5]、李宝庆[6]、由懋正等[7]也都表达了相同的观点。

刘昌明先生指出[8]，节水农业并不是一种与灌溉农业或旱地农业相脱离的全新的农业类型，而是它们在节水要求下的发展形式，其主要任务应是提高灌溉用水或天然降水的有效性。因此认为“节水农业是以节水为中心的农业类型，在充分利用降水的基础上采取农业和水利措施，合理开发利用与管理农业水资源，提高水分利用效率和效益；同时通过治水改土、调整农业生产结构，改革耕作制度与种植制度，发展节水、高产、优质、高效农业，最终实现农业持续稳定发展”。

现有的针对农业节水的各类观点与认识，大致可以分为3种。第一种观点认为节水农业的主体是节水灌溉。在当前农业发展中显得越来越突出的水资源短缺和水环境恶化等问题应当主要通过发展节水灌溉来解决，通过各类节水灌溉工程技术、管理技术和政策措施的具体实施，实现水资源的合理开发利用，保证农业生产的稳定持续发展。第二种观点认为节水农业是提高用水有效性的农业，涵盖节水灌溉农业和旱作农业的所有范畴。应当通过所有土地面积上农业用水的高效利用，即提高水的利用率和利用效率来解决农业水资源的短缺和水环境的恶化问题，实现农业的持续稳定发展。第三种观点认为节水农业是节水灌溉农业和旱作农业在新的节水形势下的发展形式，是以节水为中心的农业类型。通过节水灌溉农业和旱作农业技术措施的综合应用，发展节水、高产、优质、高效农业，最终实现农业持续稳定发展。

3 种观点分别从不同的视角对节水农业的概念和内涵进行了阐述。应当说，3 种观点都有其充分的理论依据和合理性。那么，这 3 种观点与认识在什么样的基础和目标下能够统一？节水农业究竟应该有什么样的内涵和定义呢？这些问题需要从分析我国节水农业的发展历程入手，从节水概念提出的缘由和节水发展承载的社会使命中寻找答案。

二、节水农业的兴起缘由

我国是一个农业大国，又是一个水旱灾害频繁的国家。自古以来，“以农立国”“民以食为天”的古训代代相传，历朝历代都把抓好农业生产作为国家的第一大事。农田水利作为农业生产的重要基础因素，因此也备受关注和重视。我国的农田水利建设具有悠久的历史，从夏商时代就开始灌溉工程的建设。其后经过秦汉时期、隋唐至北宋时期，明清时期，以及 20 世纪初期几个迅速发展的阶段，至 1949 年中华人民共和国建立时，全国灌溉面积为 2. 4 亿亩，约占当时耕地面积的 16. 3%，人均占有灌溉面积为 0. 44 亩[9]。

我国的农田水利建设，特别是灌溉面积的发展，在中华人民共和国成立后进入了一个更为快速的时期。在毛泽东主席提出的“水利是农业的命脉”方针的指导下，以及在人口迅速增加所带来的粮食需求迅速增加的巨大压力下，从中央到各级地方政府，都对农田水利的建设给予了特别的关注，调动了大量的人力，投入了大量的物力，修建了大量的农田水利工程，特别是水库和灌溉工程，使全国的灌溉面积迅速扩大。图 2-1 显示的是 1949 年中华人民共和国成立以来全国灌溉面积和粮食总产量的变化过程。可以看到，中华人民共和国成立后全国灌溉面积几乎呈线性增加，这种趋势一直持续到 1980 年左右。这 30 年期间，全国灌溉面积从解放初的 2. 4 亿亩发展到了 7. 3 亿亩，增加了 204%。与此相对应的是，全国的粮食总产量也呈线性增加，只是斜率略低于灌溉面积的增加。资料分析显示，这一期间灌溉面积的增加对于粮食总产量的增加起到了决定性的作用[10]。

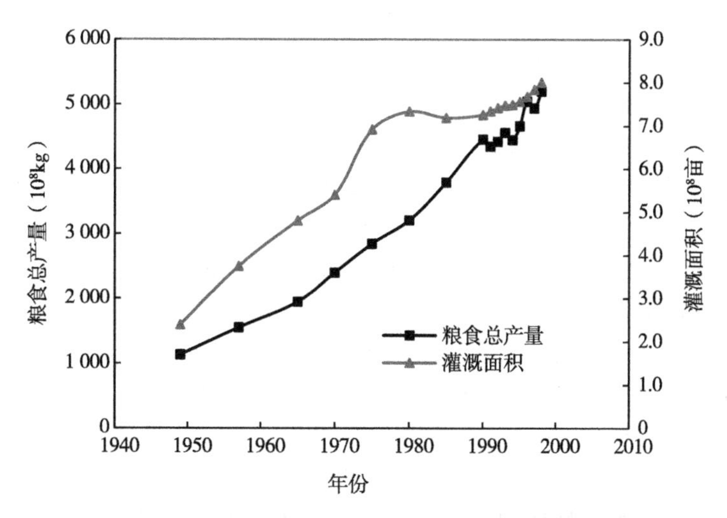

图 2-1　1949 年后全国粮食总产量和灌溉面积的变化

1980 年后，全国灌溉面积进入一个稳定阶段，至 1990 年的 10 年间几乎没有多大变化。20 世纪 90 年代后，全国灌溉面积又开始不断增加，但增加趋势明显减缓，至 2000 年的 10 年间，灌溉面积扩大了 1.0 亿亩，增加幅度为 13.7%。

与灌溉面积迅速发展相伴随的是灌溉用水量的迅速增加。图 2-2 显示的

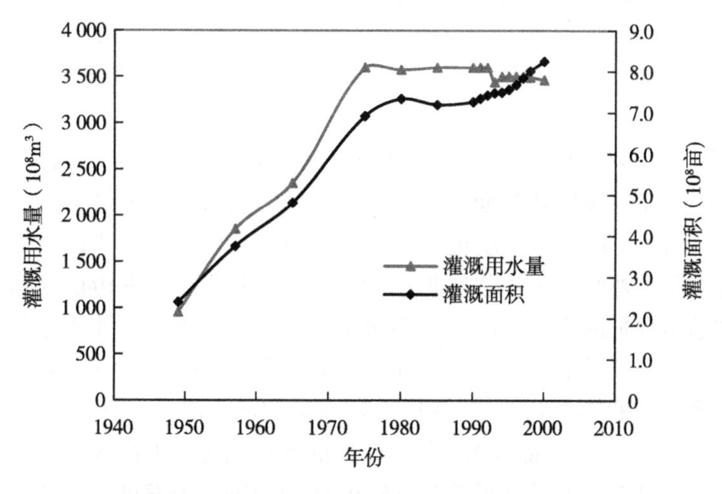

图 2-2　1949 年后全国灌溉用水量变化过程

是1949年以来全国农田灌溉用水量的变化情况，为了便于比较，灌溉面积的变化过程也一同显示在图中。可以看出，在1980年之前，灌溉面积与灌溉用水量都处于迅速增加之中，并且几乎完全同步。由此可以认为，在1980年之前，灌溉面积的扩大主要是依靠增加水资源开采量来保证的。1949—1980年的30多年间，全国的灌溉用水量从960亿 m^3 增加到了3 600亿 m^3，增加了2.75倍，略大于灌溉面积的增加幅度。1980—1990年的10年间，与灌溉面积的稳定同步，灌溉用水量也基本没有增加。进入20世纪90年代后，灌溉用水量呈现明显的下降趋势，而灌溉面积却呈现了明显的增加趋势，显示了全国性的节水工作所取得的成绩。

中华人民共和国成立以后经过30多年的农田水利基本建设，我国的灌溉面积位居世界第一，对于保障粮食生产、满足迅速增加的人口的粮食需求及社会稳定做出了突出贡献。但是，灌溉面积的迅速发展和对水资源的大量开采利用也带来了许多环境和社会问题，这在20世纪80年代中后期表现得越来越明显。河北中南部平原地区由于过量开采地下水，形成了大面积的地下水漏斗区，地下水位每年以1.0~1.5 m的速度下降，造成已有的机井成批的报废，新的机井不断加深，从最初的20~30 m发展到现在的三四百米。与之相伴的还有水量减少、水质变差，运行成本也大大增加，部分区域还出现了海水倒灌的现象。在西北的内陆河地区，特别是新疆的塔里木河和流经甘肃、内蒙古的黑河，由于中上游大量引水发展灌溉面积，致使输送至下游的水量明显减少，严重影响了下游地区人民的生产与生活，还使下游的绿洲迅速消失，引起了严重的生态问题[11-12]。这些问题的出现，成为当地农业生产乃至整个国民经济发展的重大隐患，也引起了各方面的高度重视，有关专家也开始呼吁节水问题，尤其是农业节水问题[13-14]。

20世纪80年代以后，随着我国改革开放政策的全面实施，我国的国民经济进入了一个快速发展的新时期。工业快速增长，城市快速发展，人民的收入迅速提高，生活水平的改善速度也明显加快。与这几个方面的快速增长相关联的是，农业灌溉以外的用水量也在快速增加。图2-3显示的是1949年后全国灌溉用水量和总用水量的变化情况。总用水量由灌溉用水量、工业用水量、城市用水量和林牧业用水量组成。从图中可以清晰地看到，在1980年以前，灌溉用水量和总用水量几乎是同步增加，表明总用水量的增加部分主要是用于发展灌溉。而在1980年以后，尽管总用水量仍以较快的速度增加，但灌溉用水量却不再继续增加，相反呈现轻度的降低趋势。随着社会的进一步发展，工业与生活用水仍会大幅度增加，而农业用水，特别是灌溉用水则会受到越来越多的限制与压缩，这是世界范围内在发展过程中的一个总体趋势[15]。图 2-4 显示的是在未来半个世纪内我国各行业用水所占份额的变化情况。从总量上讲，我国总用水量在未来 50 年仍会处于不断增长过程中。从主要用水项所占比例看，农业用水所占份额迅速下降，而工业用水和生活用水所占比例持续上升。有关分析和预测显示，我国总的农业用水量在未来相当长的时间内都不可能再有根本性的增加，能够基本维持在现有水平上就是一个比较不错的结果了[15-16]。

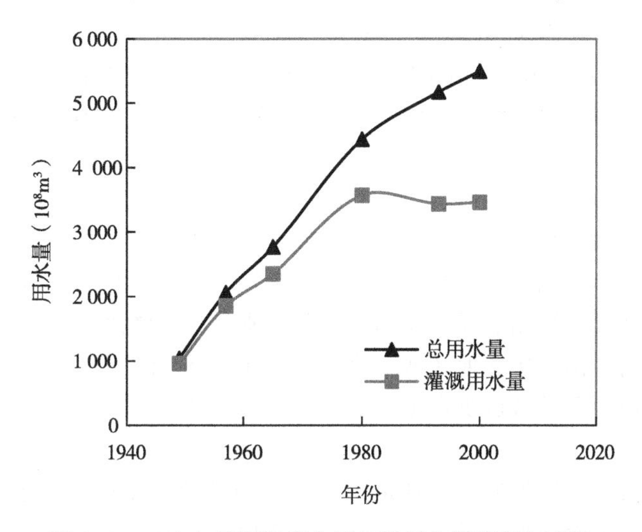

图 2-3　1949 年后灌溉用水量与总用水量的变化过程

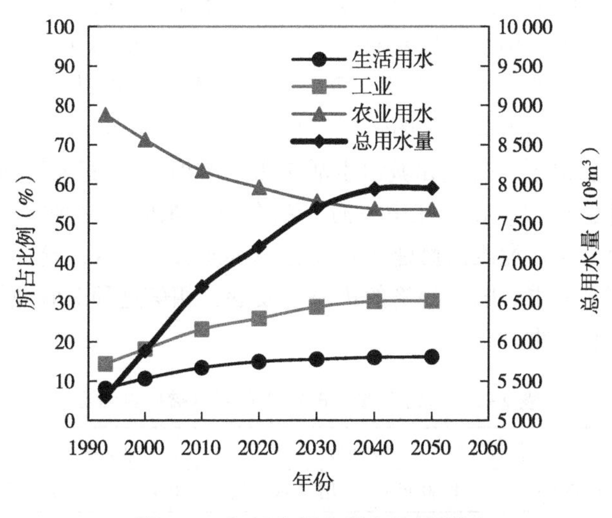

图 2-4　各行业用水所占比例预测

从20世纪80年代开始，灌溉农业的运行与发展承受了来自多个方面越来越大的压力。

人口增加及社会发展对粮食需求不断增加，要求农业生产水平和稳定程度都必须有很大的提高，而灌溉作为农业高产稳产的重要基础保证之一，也受到越来越多的重视。在当前水资源严重紧缺的条件下，不断扩大灌溉面积仍被普遍认为是保证不断增加的人口对粮食和其他农副产品需求的有效措施。我国2000年的有效灌溉面积为8.3亿亩，比1980年增加了13.7%[17]。据预测[18-19]，为了在2010年和2030年分别满足14.6亿和16亿人口的粮食需求，灌溉面积分别要达到8.5亿亩和9.0亿亩，分别比1980年增加16.4%和23.3%。在灌溉用水总量基本保持不变的情况下，这无疑是对灌溉农业发展水平的一个重大考验。

部分地区由于长期过度过快的发展灌溉面积和增加灌溉用水量，引发了严重的环境问题，影响了农业及社会的可持续发展，因而在形成新的水源供给能力之前，迫切要求控制灌溉面积的发展，特别是减少灌溉引水量，以保持区域水资源的供需平衡。华北地区地下水漏斗区幅度不断扩大，深度也不断增加，西北地区内流河下游区域供水量不断减少，生态环境迅速恶化的现实即是两个突出的代表。

随着社会的快速发展，特别是工业和城市的快速发展，需水量急剧增加，对农业用水量的保证形成了很大的威胁。相比较而言，农业属于弱势产业，单位用水所产生的经济效益比工业要低得多。因此在一般情况下，当农业用水与工业用水和城市生活用水发生矛盾时，首要的选择会是牺牲农业用水，以确保城市生活用水和工业用水的需求。表2-1是华北地区的北京、天津、河北和山西4个省市农业用水被挤占的情况。1993年与1980年相比，在总供水量减少27亿m^3的前提下，工业和城镇生活用水却增加了33亿m^3，而农业用水则减少了近60亿m^3[19]。在长江中下游、胶东及辽东的许多地区，1980年后有相当一部分原为农业灌溉而修建的水库已不再向农业供水，转而用于全力保障城市和工业用水需求。随着经济的进一步发展，相信这种对农业用水挤占的现象会更加普遍和严重。

表2-1 华北四省（市）农业用水被挤占情况

省（市）	总取用水量（$\times10^8m^3$）			农业取用水量（$\times10^8m^3$）		
	1993年	1980年	增（减）量	1993年	1980年	增（减）量
北京	40.16	43.98	-3.82	16.51	22.53	-6.02

（续表）

省（市）	总取用水量（$\times10^8m^3$）			农业取用水量（$\times10^8m^3$）		
	1993年	1980年	增（减）量	1993年	1980年	增（减）量
天津	22.15	32.29	-10.14	9.91	22.07	-12.16
河北	209.42	219.02	-9.60	163.38	193.39	-30.01
山西	55.68	59.47	-3.79	35.02	46.81	-11.79
合计	327.41	354.76	-27.35	224.82	284.78	-59.96

面对如此严峻的形势，应当采取什么样的方法和措施来应对呢？大力发展节水灌溉和节水农业是解决相关问题的根本出路，这不但成为专家们的共识，也已成为各级政府工作的一个重要指导思想[20-24]。

大力发展节水灌溉是解决目前水资源利用中有关问题的根本所在，这一结论的形成是有其深刻的历史原因和背景的。华北地区地下水漏斗的形成，以及西北地区内陆河下游生态环境的严重恶化，是这些地区长期水资源过量开采利用所产生的严重后果。解决这一问题的途径有两个，一是引进客水，从增加资源供给能力方面使水资源的利用和供给达到平衡；另一个是减少地下水开采量或上游地区的引水量，从减少水资源的消耗量方面使区域水资源的利用和供给达到平衡。第一种方法有助于加大水资源的容量，从根本上解决水资源的短缺问题。但由于调水工程建设复杂，投资巨大，更牵涉一系列的环境、社会、安全、管理等方面的问题，调水的最终成本一般也会很高，所以在短期内很难期望能够广泛实施，对于农业，特别是灌溉农业的缺水问题，更难以希望通过修建大量的调水工程来解决[25]。第二种方法着眼于资源的可持续利用，通过减少用水量来维持区域水资源环境的安全和稳定。这一方法强调的是根据资源的许可程度来发展，量入为出，应该是解决问题的首选考虑。只有做到这一点，才能维持区域生态环境的稳定，保证区域农业生产的持续和稳定发展，已经成为全社会的共识。

大力发展节水灌溉，就是要充分挖掘灌溉农业内部的节水潜力。通过减少单位灌溉面积的用水量，有效地减少水资源的开采利用总量，从而保证区域水环境的持续稳定；通过减少单位面积的灌溉用水量，为工业和城市的发展留下足够的水资源量，从而为社会的全面发展提供保证；通过减少单位面积的用水量，满足灌溉面积不断发展的需求，从而为全社会农产品生产的不断增加和广大农民生活水平的不断提高提供可靠的保障。

许多专家对我国灌溉农业的用水现状进行过系统的研究和分析，认为在我国水资源严重短缺的大背景下，农业灌溉用水普遍存在着严重的浪费现象[26-27]。农田灌溉是当前第一用水大户，2000 年的灌溉用水量占全国总用水量的 63%[28]。在当前的农田灌溉面积中，地面灌溉方式仍占到 96%以上，其中大水漫灌、串灌等落后的灌水方式仍很常见。粗略估算，全国现状灌溉水利用系数大约为 0.4。从理论上计算，如果通过各种节水措施提高到 0.6，约可节水 700 亿 m^3。如果提高到 0.7，约可节水 1 000 亿 m^3，约占农田灌溉总用水量的 30%左右，节水潜力巨大[12]。此外，我国现有农田用水的产出效率约为 1.1 kg/m^2，与世界先进水平相比也有较大的差距，有着较大的增加空间[29-30]。多方面的分析均显示，中国灌溉农业的节水，不仅具有充分的必要性，而且具有很强的可行性[31-32]。通过发展节水农业开发利用这些节水潜力，对于实现水资源供需平衡，保证农业、工业和生活用水，维持农业及整个社会的持续稳定发展都会起到巨大的作用。

三、节水农业发展承载的社会使命

通过前面的有关分析，节水农业发展所承担的主要任务的轮廓已基本得以显现。从当前农业用水的现实状况与发展节水农业所要解决的问题看，节水农业发展所承载的社会使命主要体现在如下几个方面：一是保持区域水资源的供需平衡，避免因过量引水用水造成区域水环境及生态环境的恶化，影响农业及整个国民经济的持续发展。二是减少不必要的水分消耗，通过开发灌溉农业中的节水潜力，为灌溉面积的进一步扩大，也为社会其他行业的用水省下足够的水资源。三是提高现有用水的产出效率，在不增加，甚至是一定程度上减少灌溉用水总量的条件下，增加农产品的总产出量，保证社会发展和农村地区居民生活水平提高对农产品不断增加的需求。

应当肯定地说，节水农业就是能够完成上述主要任务的农业技术体系。基于这一出发点，可以对节水农业的主要内涵做如下进一步的分析讨论。

第一，发展节水农业是要最大限度地保证区域水环境的安全和生态环境的持续稳定。这不仅是农业持续发展的需要，也是社会经济持续稳定发展，乃至人类本身长期生存发展的必要条件。不能够实现这一点，对水的开采利用量超过水资源的最大承载能力，无论采用什么样的灌溉方式，具有多么高的产出效率，都不能称为节水农业[33-35]。

第二，发展节水农业是要充分地利用当地一切可以利用的水资源，为农业的发展提供良好的物质基础。水是自然界物质循环过程中的重要组成部分，在太阳辐射和地球重力的作用下，地球表面的水分处于不断的循环之中。从自然界水的循环规律来看，水是一种可以更新的资源，无论是地表水，还是地下水，都处于不断的转化与更新之中。只要限制在适宜的范围内，水资源的开采和利用并不会明显的改变水资源的循环和更新过程，也就不会引起明显的区域水环境和生态环境问题[35-36]。因此在节水农业的发展过程中，充分利用当地一切可以利用的水资源也应当是很重要的一个努力方向。水资源的充分利用不仅包括充分利用降水、地表水和地下水，还包括很好地利用回归水、再生水和微咸水[37-38]。当然，这些水资源的充分利用一定要建立在水环境的安全和可持续利用的基础上。

第三，发展节水农业是要不断提高农业用水的供给效率。这种供给效率包括两个方面，一方面是减少水分从水源地输送至作物根系活动层过程中的水量损失，包括在输水渠系中的水量损失和田间配水过程中的径流和渗漏损失，从而保证有限的水资源能有尽可能大的份额用于供给作物生长发育需求，用于生产社会所需的农产品[39]。另一方面是做到适时、适量地将水分送至适宜的地点，满足作物正常生长发育的需求，为获得高产打下良好基础[40]。

第四，发展节水农业是要不断提高所利用水量的产出效率。生产足够多的农产品，满足社会日益增加的需求，这是农业所承担的社会责任。在水资源总量有限、耕地资源有限的情况下生产充足的优质农产品，满足21世纪16亿人口的需求，这是历史赋予新时期农业的重大使命，也是大力发展节水农业所要实现的一个主要目标。在农业水资源可利用总量不可能再有明显增加的情况下，通过采用各种技术措施，提高所用水量的产出效率，是实现节水农业这一发展目标的重要途径[41-42]。

四、节水农业应有的内涵

通过上述分析讨论，可以对节水农业的内涵做出如下一般性的概述：节水农业是在保持区域水环境和生态环境持续稳定的前提下，通过最大可能地利用当地的各类水资源，建设高效的水资源配给系统，构建高效的水分转化利用模式，从而最大可能地满足社会所需农产品生产的农业技术体系。

缓解日益尖锐的水资源供需矛盾，满足社会不断增加的农产品需求是发展节水农业的两个中心任务。从有关问题形成的历史原因以及首要的努力方向上分析，发展节水农业首先要从改进传统的灌溉农业入手。大力发展节水灌溉农业，充分挖掘灌溉农业的节水潜力，是解决与水资源过量开采利用相关的水环境恶化和生态环境破坏问题，以及缓解农业用水和全社会用水紧张状况的直接有效的方法和途径，也是增加社会所需农产品产量，提高农村地区居民生活水平的重要基础。对此，党中央和各级政府都给予了高度的重视，江泽民、李鹏、温家宝等同志都先后在各类场合做了指示，党中央也提出了“制定促进节水的政策，大力发展节水农业，把推广节水灌溉作为一项革命性的措施来抓，大幅度提高水的利用率，努力扩大农田有效灌溉面积”的战略方针，这一方针成为各地在今后相当一段时间内发展节水农业的指导思想[43]。

缓解我国社会面对的水资源需求和农产品需求日益增加的压力，除了大力发展节水灌溉农业外，大力发展旱作农业也是一个重要的方面。按2000年统计数字计算，我国现有总耕地面积19.5亿亩，其中有效灌溉面积8.3亿亩，占42.6%，实施雨养农业的耕地11.2亿亩，占57.4%，主要分布在北方的15个省（区）。实施雨养农业的农田，总面积占到全国总耕地面积的一半以上，产出的粮食约占全国总量的1/3。旱地农业地区还是我国许多小杂粮品种的主产区，也是我国林业和畜牧业名优特产的主要生产基地，因此在全国的农业生产中占有很重要的地位[44-45]。通过多年的旱作农业实践，我国旱区农田的生产水平迅速提高，但研究成果显示，雨养农田的生产水平仍有较大的增加潜力[44,46]。高效利用有限的降雨资源，开发旱地农业的增产潜力，生产尽可能多的农产品供给社会，可以有效缓解不断增加的粮食需求施加给灌溉农业的压力，从而缓解对灌溉面积发展和水资源开采的需求，也能对水环境的安全和生态环境的稳定产生有利的作用。这也是许多学者坚持认为节水农业应当包括旱地农业的重要出发点。

从以上分析可以看出，灌溉农业和旱地农业是一个系统的两个组成部分。它们的任务和目标是完全一致的。之所以划分为两个子系统，是因为它们在生产过程中的某些物质循环过程，特别是水循环过程存在着明显的差异，并由此产生了管理上的不同需求所致。从前面论述的节水农业发展所要承担的社会使命，特别是对水资源的安全和充分利用来看，发展节水灌溉是最为直接和有效的方法和途径，因此节水灌溉农业可以理解为狭义的节水农业。旱地农业有限降水的高效利用，不会直接节约水量供给灌溉面积的扩大或供给其他行业使用，因此对区域水环境的安全不会产生直接的作用。但旱地降水的高效利用，可以有效地增强整个农业系统的功能，从而减少农业生产对水资源的需求，对区域水资源的供需平衡产生积极的作用，因此包括旱地农业的节水农业可以理解为广义的节水农业。

应当指出的是，已经长期习惯使用的“节水”一词，随着时代的发展，已经越来越显示出了它的局限性。因为定义不够确切，所以在不同的行业和不同的学科，以及从不同的视角分析问题，就会产生不同的理解，也会引起一定的混乱，特别是在与国外同行的学术交流活动中，极易产生歧义与误解[47-48]。

我们所说的“节水农业”，更确切的提法应当是“高效用水农业”，即能够实现有限水资源高效利用的农业体系[49]。在这一体系之下，可以很好地消除关于发展节水灌溉农业还是发展节水农业的争论，也就不存在节水农业是否包括旱地农业的疑问。高效用水农业包括种植业的所有范畴，如果要分解子系统，则灌溉农业部分可以称为高效灌溉农业，旱地农业部分可以称为高效旱地农业。

鉴于灌溉农业和雨养农业在水分循环和管理上的差别，以及本文所要重点研究讨论的灌溉农业节水潜力问题，故而在下面的论述中，所有的关于节水农业的论述都限制在节水灌溉农业的范畴内，即主要讨论灌溉农田中的水分高效利用问题。

第二节　节水农业的发展目标和发展状况评价

一、节水农业的发展目标

在前一节关于节水农业的内涵和定义的讨论中，已经对节水农业的目标进行了一些论述。应当看到，节水农业是根据社会的需求而发展起来的，因此它的发展目标也是针对社会需要而确定的[50]。自 20 世纪 70 年代以来，我国农业节水的目标处于不断的演变和发展之中。20 世纪 70 年代初，在自流灌区搞渠道防渗是农业节水的要点，因此那时的节水目标就是为了提高渠系水利用系数。其后，农业节水的重点转移到田间畦田改造上，包括平整土地、大畦改小畦、长畦改短畦、长沟改短沟，以及地埋低压管道输水和喷灌、滴灌的发展，农业节水的目标便改为以提高灌溉水利用系数为主。进入 20 世纪 80 年代，在中共中央提出了中国粮食发展战略目标后，农业节水的目标中又增加了增产指标。80 年代中后期，节水农业的内涵不断丰富，随着农田水分循环利用过程研究的不断深入，在节水目标中又增加了提高单位水量消耗的农产品产出量指标，使节水农业的目标体系得到进一步的完善。

当前，节水农业面临着水资源短缺不断加剧和农产品需求不断增加的新形势，并且这种形势会在未来相当长的一段时期内得以延续。综合各方面的观点和建议，可以为当前形势下的节水农业发展确定如下两个方面的主体目标。

（一）合理开发利用水资源

合理开发利用水资源包含两重意义，即保证水资源的可持续利用和实现水资源的充分利用。

水资源的可持续利用不仅是农业可持续发展的重要条件，也是实现全社会可持续发展的重要保障。水资源的可持续利用，重点体现在确保水环境的安全和生态环境的持续稳定，这就要求水资源的总体开发利用要适度，不能超过区域水资源的可承载能力。

水资源短缺，特别是北方地区的水资源短缺，已经成为制约农业和整个国民经济持续发展的主要因子之一。在保证水资源可持续利用的前提下，开发新的可利用水资源，特别是对回归水、再生水和微咸水的充分利用，属于开源之举，可以有效地扩大可利用水资源的基础数量，从而增强水资源对农业和整个经济发展的支撑能力。

（二）高效利用水资源

开发利用农业水资源的根本目标是生产社会所需的农产品，因此实现农业用水向农产品转化的高效率就显得十分重要，也是整个节水农业体系中最为核心的一环。农业用水向农产品的转化可以分为两个大的环节。第一个环节是农业用水（包括灌溉用水和降水）向作物可用水的转化，主要是通过一系列的工程措施和管理措施，将农业用水转化为作物可以吸收利用的土壤贮水。这一环节效率的提高，可以将尽可能多的农业用水转化为作物可用水。对灌溉农业而言，由于一个时期中一种作物的需水量是相对固定的，因此这一环节效率的提高就会显著地减少需要调用的水资源量。第二个环节是将土壤贮水转化为最终需求的农产品。这一环节效率的提高主要依赖于农作措施和管理措施的合理利用，包括选用适宜的品种，采用适宜的种植模式，减少棵间蒸发、合理施肥、合理供水等。这一环节效率的提高，即可用同样的水量消耗生产出更多的农产品，对于满足社会需求、减轻对水资源的需求压力意义重大。

二、节水农业发展状况的评价

为了实现节水农业的总体发展目标，近几十年来涉及多个学科、各级研究机构的大量专家学者开展了广泛的研究和探索，对节水农业的发展途径提出了许多建议和设想，也研究开发了许多节水技术措施供选择使用。在生产实践中，国家和各级地方政府对节水农业的发展也予以了高度重视。国家投入巨额资金，对大中型灌区进行以节水为中心的技术改造，并在全国范围内兴建了300个节水示范县，各地也投入大量的人力物力建设了一大批高规格的节水农业示范工程（或园区）。在这些资金和项目的扶持下，以及各级政府的努力下，全国节水农业取得了快速发展。根据《中国水利年鉴》提供的统计数据，2000年全国节水灌溉工程面积已达到了2.46亿亩。并且根据规划，到2010年和2030年，全国节水灌溉工程面积将分别达到4.4亿亩和6.7亿亩[18]。

节水灌溉工程面积的迅速发展，反映了从政府到农民对节水农业发展的普遍重视，但这些工作取得的实际效果如何呢？现在已有大量的节水技术措施，包括节水技术模式提出，那么这些模式是否适合当地的情况？如果推广应用，在当地节水农业实践中能够发挥什么样的作用呢？各地都在发展节水农业，那么根据现阶段的社会发展需求，节水农业发展应当达到什么样的标准呢？对于这些问题，国内外尚未形成较为一致的认识。

由于没有适宜的指标体系来衡量和约束，所以在当前的节水农业发展过程中产生了许多困惑和问题。有的单纯地认为发展喷灌和滴灌就是发展节水灌溉，有的则认为发展节水灌溉就是扩大节水灌溉面积，造成许多地区节水投入越多，灌溉用水总量就越大，水环境和生态环境也更加恶化。这些困惑和问题的出现，与许多地区没有明确节水农业发展的主体目标，以及没有系统的评价指标体系有很大的关系。当前，我国大规模的发展节水农业运动正在进行，为指导全国节水农业的持续健康发展，制定我国节水农业发展的评价指标体系是十分必要的[51]。

节水农业发展水平的评价指标应当紧紧围绕节水农业发展的总体目标来制定，这些指标应当能够客观真实地反映一个地区的节水农业发展程度。针对节水农业不断发展的特性，要求这些指标应当具有较好的稳定性和连续性，适用于评价同一地区在不同阶段的节水农业发展进展。同时，针对我国区域辽阔，农业生产条件各不相同，采用的节水措施也千差万别的特性，要求这些指标应当具有很好的通用性和适应性，可以用于评价不同地区节水农业的发展程度，并对不同的节水技术措施和节水模式进行比较分析。

根据这些需求，可以为节水农业发展水平的评价设置如下几类指标。

（一）水资源开发合理性评价指标

水资源开发合理性评价的主体指标是水资源可持续利用特性评价指标，用于评价一个区域水资源的现状利用模式能否满足可持续发展的需要。水资源开发合理性的次级评价指标为水资源充分利用程度的评价指标，主要用于评价区域内可以重复利用的水资源（包括劣质水）是否得到了充分利用。应当认识到，这两个指标不是属于同一层次的指标体系。主体指标的评价结果对区域水资源利用合理性的评价起着主导作用，次级指标只起着对主体指标的补充说明作用。

现有水资源利用模式是否能够保证区域水资源的可持续利用，可以通过比较区域的水资源承载能力（最大水资源可利用量）与现状水资源利用量来判别。

$$\text{区域水资源可持续利用特性（WRS）} = \begin{cases} 0 \text{（现状水资源利用量}>\text{水资源承载能力）} \\ 1 \text{（现状水资源利用量}\leqslant\text{水资源承载能力）} \end{cases} \quad (2\text{-}1)$$

实现水资源的可持续利用应当是节水农业发展所追求的第一目标。因此，区域现状水资源利用模式是否能够实现水资源的可持续利用，在节水农业发展水平评价指标体系中应当具有一票否决性。WRS=1，表示能够实现区域水资源可持续利用的，才能继续根据其他指标评价其发展程度。如果WRS=0，表示该区域现有的用水模式无法实现区域水资源的可持续利用，则说明该区域当前的水资源开发利用战略上存在重大问题，需要通过关闭取水井，减少引水量，压缩灌溉面积等强制性的措施进行根本性的调整。

水资源的循环和利用是一个十分复杂的过程[52]。一个区域内部，特别是一个流域内部，上游和下游的水资源量、地表水和地下水资源量存在着十分密切的关联，有时就是直接的相互转化关系。上游用水多，留给下游的水量就少；地表水利用得多，能够用于补给地下水的水量就少；相同地，地下水利用得多，也会加大地表水的入渗，减少地表水的可利用数量。因此，进行区域水资源可持续利用特性评价时，应当在足够大的区域范围内进行，区域范围过小，会导致不真实的结果产生。此外，水资源的循环过程有的部分需要延续较长的时间，当一个地区的地下水体被利用后，有时需要若干年后才能得到充足的补给。这一特性要求水资源可持续利用评价要有足够长的时间尺度。此外，由于环境条件年际间的巨大变化，特别是降水的变化，导致以农业灌溉用水为主体的区域实际用水量在年际之间会有很大的变化，因此，区域实际用水量需要根据多年的用水资料系列来确定。

当地可重复利用水资源的充分利用程度可以用水资源重复利用率这一指标来进行评价。

$$\text{水资源重复利用率（\%）}=\frac{\text{区域实际重复利用的水资源量}}{\text{区域可以重复利用的水资源量}}\times 100 \tag{2-2}$$

受水资源循环利用特性的决定，水资源重复利用率也要求在足够大的区域范围内确定，有关的基础数据也要利用多年的资料系列确定。

（二）水资源高效利用程度评价指标

实现农业水资源高效利用是节水农业的核心目标，因此农业用水高效利用程度的评价指标也是节水农业发展程度评价的主体指标。在实现区域水资源可持续利用和充分利用的前提下，节水农业发展水平的评价应当主要通过农业用水高效利用程度指标来评价。

农业用水高效利用程度的评价指标，反映的是从水源地取水（包括降水）直至最终转化为社会需求的农产品的整个过程的效率。这一过程可以划分为3个主要环节[53]，将水分从水源地输送到田间入水口，将输送至田间入水口处的水分转化为可以被作物吸收利用的根系活动层内的土壤贮水，以及将根系活动层内的土壤贮水转化为最终的农产品。这3个环节的效率可以分别用渠系水利用系数、田间水利用系数和作物水分利用效率来评价。降水的利用过程只与第二个和第三个环节相关联。

1. 渠系水利用系数

在水利部农村水利司主持编制的《节水灌溉技术规范》中[54]，对“渠系水利用系数”的定义为“末级固定渠道放出的总水量与渠首引进总水量的比值”。由此可知，渠系水利用系数表述了灌溉过程中灌溉用水从渠首引到田间入口处所能保留下来的份额，因此这一指标主要用于评价灌溉过程中的输水效率。

输水过程中的大量损失是造成我国许多灌区水资源严重浪费的主要原因之一。目前我国综合渠系水利用系数约为0.55，这就意味着从河道或水库中引用的水源，在尚未到达田间地头就有一半左右损失掉了[53,55]。0.55只是一个平均值，在水源丰富的一些自流引水渠灌区，渠系水利用系数只有0.3~0.4，水资源的浪费更为惊人。过低的渠系水利用系数，不仅造成了大量的水资源浪费，还造成灌溉周期的延长，使灌区内能够获得适时适量灌溉的区域面积的比例降低。同时，过量的渠系渗漏，还是造成许多灌区地下水位过高，土壤次生盐碱化严重的主要原因之一。

在渠系水利用系数上，我国与国外的一些先进国家有着很大的差距。以色列、美国等灌溉水平较高的国家，普遍采用衬砌渠道，甚至完全利用管道输水，渠系水利用系数可以达到0.8~0.9[56]。有专家建议，我国节水农业建设中也应对渠系水利用系数设立相应的指标，并建议大、中、小型灌区的渠系水利用系数应分别不低于0.55、0.65和0.75，井灌区应不低于0.9，以此作为是否达到节水农业发展要求的指标[51]。

2. 田间水利用系数

在水利部农村水利司主持编制的《节水灌溉技术规范》中，对“田间水利用系数”的定义为“净灌水定额与末级固定渠道放出的单位面积灌水量的比值”。在《美国国家灌溉工程手册》一书中，田间水利用系数又称为灌溉效率，定义为“入渗并贮存在根区中的灌溉水深的平均值与所用的灌溉水深平均值的比率，用百分率表示”[57]。由此可见，田间水利用系数主要是用于评价灌溉水进入田间后的配水过程的效率。

田间配水过程中的大量水分损失通常是由于灌水量太大或太快所致，这往往与灌溉管理水平低有关。其他的水分损失途径包括土壤和叶面蒸发，地面径流，深层渗漏及风飘移。

采用适当的灌溉方法和适当的灌溉用水量是减少田间配水过程中水量损失的主要途径。我国目前的许多渠灌区，特别是自流引水渠灌区，由于田间平整程度不够，灌溉畦一般做得很长，加上缺乏有效的用水计量和控制设施，因此灌水定额普遍偏大，造成配水过程中产生大量的深层渗漏和地面径流。深层渗漏和地面径流的产生，不仅造成水资源的浪费，在一些地区还会引起地下水位抬高，加重次生盐碱化。更为严重的是，深层渗漏和地面径流会造成农田养分的大量流失，引起地表水体和地下水体的污染[58]。

目前我国综合田间水利用系数为0.8~0.85。改进现有的灌水技术体系，在经济条件许可的地区采用喷灌和微灌等灌水新技术；在广大渠灌区加强田间工程建设，采取平整土地，畦田格田改造，使用波涌灌、水平畦田灌等技术措施；加强量水及灌溉水量控制设施的建设，做到适量灌溉，这是提高田间水利用系数的几个主要途径。此外，做好灌溉预测预报，最大限度地利用降水资源，也是提高田间水利用系数的一个有效方法。专家建议，对于田间水利用系数，水稻田不低于0.95，水浇地不低于0.9，可以作为考核灌区是否实现节水灌溉的指标使用[51]。

3. 作物水分利用效率

作物水分利用效率可定义为单位水量消耗所生产的经济产品数量。它表达的是作物对贮存在根区内的水分的吸收、利用、并最终转化为社会所需农产品（也称经济产品）的效率[59]，可用下式确定。

$$WUE=\frac{YD}{WU} \tag{2-3}$$

式中，YD 为经济产品产量（kg/亩或 kg/hm^2）；WU 为实际耗水量（m^3/亩或 m^3/hm^2，应与产量的基础面积单位相同）。

在计算作物水分利用效率时，实际消耗的水量可以来自降水、灌溉水、浅层地下水或土壤贮水；而期望得到的产品也因作物种类或利用目的而异，可以是籽实（比如小麦、玉米等）、块茎或块根（如薯类、甜菜等），也可能是果实（如许多蔬菜和果树）或整个地上部分（如牧草、青贮玉米及许多蔬菜），实际使用时要根据所处的环境条件和生产目标而具体确定。

从式 2-3 可以看到，作物水分利用效率的高低要由两方面因子共同决定。一方面是产量水平，它与水分利用效率成正比关系；另一方面为用水量，与水分利用效率成反比关系。要提高作物水分利用效率，就需要提高产量水平，或减少用水量，或是两者同时发挥作用。

作物水分利用效率的提高涉及许多方面的因素。产量的提高涉及选用适宜的作物种类与种植模式，选育优良品种，合理耕作、施肥，适时适量灌溉，适时防治病虫害等农业措施，而减少用水量要涉及选用节水作物和品种，实行节水灌溉制度，采用地面覆盖减少无效蒸发，施用抑蒸剂等减少叶面蒸腾等措施。从这一指标可以看出，节水农业是涉及多个学科和领域的活动。为了提高节水农业的水平，尤其需要农业措施和水利措施的综合运用。

据分析，目前我国粮食作物田间水分综合利用效率约为 1.1 kg/m^3[60]，尚有较大的提高空间。比如陕西泾惠渠灌区内的高陵区，全区粮食作物平均水的利用效率达到了 1.5 kg/m^{3}以上，山东桓台县井灌区全县粮食作物平均水分利用效率达到了 2.0 kg/m^3。全国冬小麦的综合水分利用效率约为 1.32 kg/m^3，而在北京市昌平区南邵喷灌试验区 9.33 hm^{3}的小区上，多年采用节水灌溉管理系统，其作物水分利用效率已连续几年达到 2.2~2.4 kg/m^3，显示了巨大的潜力。

4. 水分利用效益

上述 3 个水分利用效率指标从生产的角度评述了节水农业高效用水的程度。但是，在市场经济条件下，生产效率最高并不是最终的追求目标。因此，一些可以大幅度提高上述效率的技术措施，在生产实际中并不太受欢迎，最终因为难以大面积的推广应用而无法发挥节水作用。从生产者的角度考虑，获得最大的经济回报应当是生产过程所追逐的主要目标，因此应当考虑在节水农业发展评价中增设水分利用效益这样的考核指标[61]。

水分利用效益应当主要针对灌溉水而言，因为只有灌溉水可以作为商品出售，也才能够进行投入产出核算。水分利用效益可用下式计算。

$$WUR = (IWR - IWC) / IWU \tag{2-4}$$

式中，WUR 为水分利用效益（元）；IWR 为因灌溉而增加的产值（元）；IWC 为因灌溉而增加的成本，包括设备折旧、水费、人工、动力等费用（元）；IWU 为灌溉用水量。

由于不同类型农产品价格的巨大差异及市场的不稳定性，以及不同地区灌溉成本上的巨大差异，所以目前还无法通过水分利用效益这一指标评价节水农业的发展状况，尤其是用于不同地方节水灌溉发展水平的量化比较。但是，这一指标对于区域农业节水政策的制定及节水农业技术措施的选择具有重要的参考价值。

第三节　节水农业技术体系

一、已有的节水农业技术体系构成

节水农业技术应当是指与实现节水农业发展目标有直接关系的技术，而节水农业技术体系则是这些技术的有机集成。

节水农业发展目标的实现，与许多学科有着密切的关系。因此，节水农业技术体系是一个十分宏大的系统工程。在过去的研究中，由于学科视角的不同，以及设定的系统功能和目标的差异，学者们提出了多种节水农业技术体系构成模式。

贾大林先生认为节水农业是充分利用降水和可利用的水资源，采取水利与农业措施，提高水的利用率和提高水的利用效率的农业。基于这一概念，结合河南商丘试验区的实际情况和需求，提出了一套节水农业技术体系，如图 2-5 所示[62]。贾大林提出的技术体系从节水灌溉农业和旱地农业两个农业系统入手，以系统中的水分循环和利用过程为主线，分析了可以促使水分循环和利用过程向有利方向转化的技术措施，最后将这些措施归结为合理利用水资源、节水工程与管理措施、节水农业措施 3 个子系统。其中前两个子系统主要提高水的利用率，后一个子系统结合作物产量可提高水的利用效率，两者进一步的结合，最终实现节水农业技术体系的目标——节水增产高效。

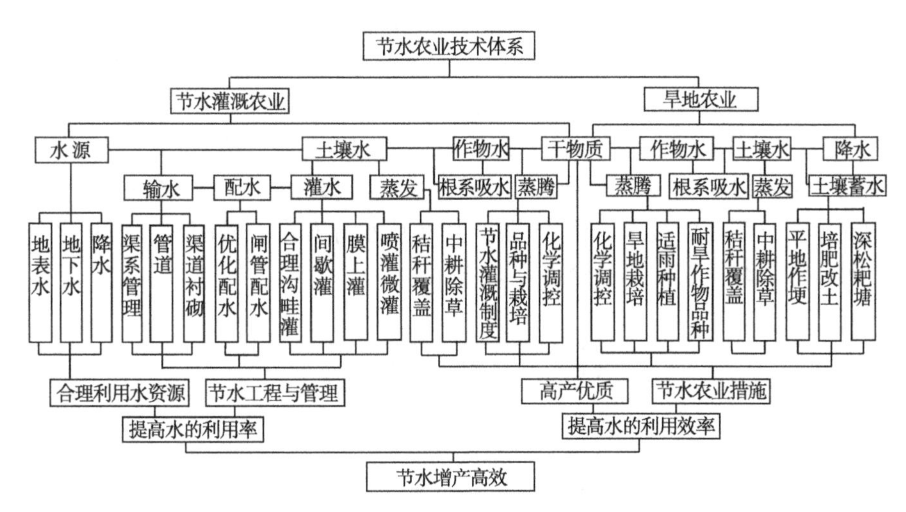

图 2–5　节水农业技术体系（引自贾大林）

山仑以水分利用与转化过程为主线，对节水农业技术体系作了如图 2–6 所示的表述[63]，认为节水农业的主要技术原理和途径可以概括为“水资源时空调节”“充分利用自然降水”“合理利用灌溉水”和“提高植物水分利用效率”4 个大的方面，并对每个方面所包括的主要技术环节进行了分析。

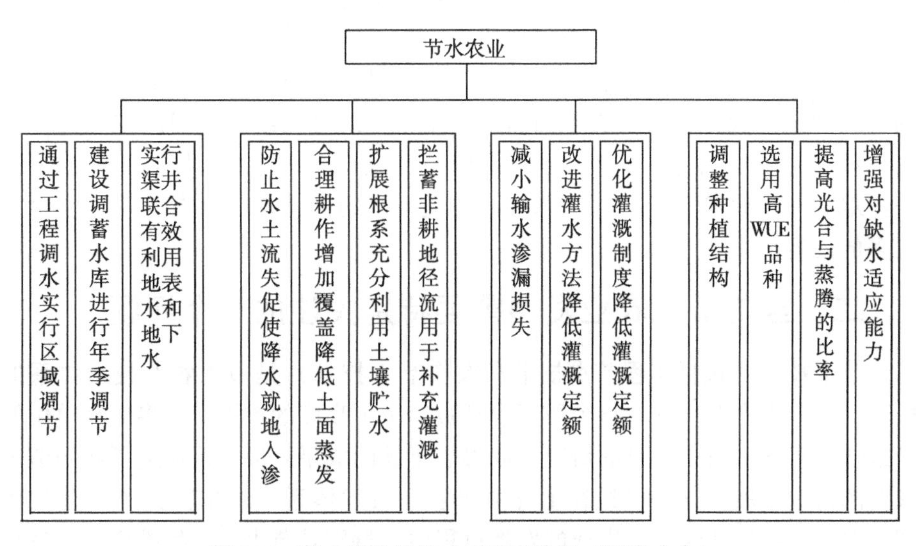

图 2–6　节水农业的技术原理和途径（引自山仑）

刘昌明以水资源的高效利用和可持续利用为主导，结合对我国现有用水体系中存在的主要问题、发生原因和解决途径的系统分析，构建了节水农业系统的主体框架（图 2-7），并对 4 个子系统“合理开发利用水源”“节水技术措施”“节水农业措施”和“节水管理措施”所包含的子子系统，以及支撑子子系统的各项技术措施进行了详细的分析和论述。其中包括子子系统 15 个，列出的支撑子子系统的技术措施 46 条，涉及从水源开发、输配水、作物水分利用，到管理、政策、生态等众多方面[8]。

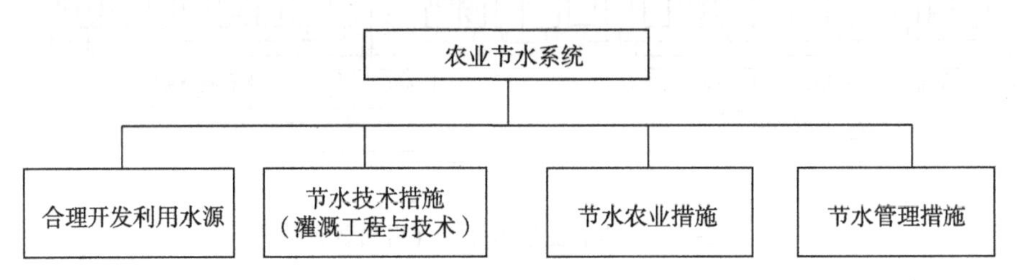

图 2-7　农业节水系统的主体框架（引自刘昌明）

这些节水农业体系模式虽然在组织结构和包含的元素上有所不同，但都集中体现了节水农业发展的主体目标，即都是以实现水资源的高效利用为主导组织结构的。在表述水分高效利用的技术措施方面，包括工程节水技术和农作节水技术上，这些模式表现得比较一致。贾大林的模式是将这些技术措施以节水灌溉农业和旱地农业两种体系为背景进行组织的，而山仑和刘昌明则将这种区分淡化，以水资源的高效利用为主线进行组织。相比较而言，贾大林和山仑的模式更多是从技术措施的角度进行组织，而刘昌明的模式还进一步地考虑了政策、经济和生态方面的支持和约束，使节水农业系统包含了更多的内容。

二、当前节水农业发展需要特别关注的几个问题

节水技术（包括工程节水技术和农作节水技术）是节水农业技术体系的核心，在节水农业发展的整个历程中都被给予了高度的重视。众多研究单位的专家学者对此进行了大量的研究，取得了丰硕的成果，极大地促进了我国节水农业的迅速发展，这些已经在上述节水农业技术体系模式中得到了充分的体现。但是，在近些年节水农业的发展过程中，特别是节水技术的推广应用过程中，也显露出一些新的问题和趋势，需要在构建节水农业技术体系时引起足够

的重视。

（一）水资源的合理开发和持续利用问题

随着经济和社会的迅速发展，许多地区的水资源短缺程度日益加剧，因此开发利用一切可以利用的水资源就显得十分迫切。从实践情况看，各地区对开发新的水资源，特别是新的地下水和地表水资源（包括雨水资源），都表现得十分积极，而对回归水、再生水、微咸水的开发利用还不够重视。此外，在大力发展节水农业的同时，部分地区的水环境和生态环境还在继续恶化，严重影响到区域经济的可持续发展。

（二）提高农业用水管理水平问题

农业水资源浪费严重，管理水平低是一个十分重要的因素，这是当前较为一致的看法[64-65]。管理水平低体现在多个方面。在区域水资源统一调配与管理方面，体现在流域上下游之间水资源调控不足，以及地表水和地下水合理调控利用不足，难于保证区域水资源的总体高效利用。在灌溉工程建设与管理方面，重建轻管仍较严重，设备的维修管理及运行管理都存在很多问题，经常造成大量的水分跑冒滴漏，节水工程不节水的现象普遍存在。在田间用水管理方面，相关的作物需水预测预报做得很少，因此难以做到灌溉的适时适量，加之现在许多灌区都缺乏有效的量水和供水控制设施，从设备和技术上就无法支撑农田灌溉的适时适量，许多渠灌区的用水都是“好长时间轮不到灌一次，灌一次就灌个饱”，根本无法考虑节水灌溉的需求。

（三）节水农业发展的经济效益问题

在大力发展社会主义市场经济的大环境下，各行各业都要求按照市场规律进行发展。农业作为一个产业，当然也应该包含在其中。发展节水农业是需要投入的，有足够的投入才能保证修建合格的节水工程，才能保证科学的运行管理，也才能保证取得良好的节水效果。发展节水农业的主要产品是节省出来的水量，收入也应当是这些节省出来的水量所能体现出的市场价值。在当前环境下，大多数节水农业项目的投入产出分析结果都很不理想，特别是在已有的灌溉面积上实施技术改造的情况。节水农业投入的低收益，甚至是负收益，无疑是阻碍当前节水农业健康发展的一个重要原因。节水是为了生态环境的改善和当地经济的可持续发展，节水是为了整个区域的共同发展，这是我国大力发展节水农业的主导原因。但对于具体的用水户和需要重点节水的地区来讲，这些大道理很难使他们主动地去实施节水措施。如果节水是为了生态环境的改善，政府应当承担主要的投入部分；如果节水是为了全区域的持续发展，那么受益区域应当承担节水区域的主要投入。但节水是一个涉及面积很大的行动，完全依靠政府投资搞节水是很难在短期内实现预定目标的。此外，在当前水市场尚未建立或运行机制还不完备的情况下，也很难保证重点节水区域实施节水的投入得到适宜的补偿。节水灌溉发展在投入产出上存在的问题，尽管原因是多方面的，但在客观上已极大地限制了节水农业的发展。

（四）节水农业发展相关的政策法规问题

为了使节水农业能作为一个正常的产业并进入快车道发展，制定相关的政策法规作为保障是十分必要的[66-67]。在当前的节水农业实践中，政策法规方面存在的问题主要表现在如下几个方面：一是在水权分配方面，目前只有黄河、塔河、黑河等少数几个流域实施了类似的水资源总量控制分配方案，但也存在分配过粗，特别是省内各县（市）还吃大锅饭的局面；在对农业用地下水开采权的分配与管理方面，几乎还是空白。二是目前尚未建立完善的水权转让交易机制，区域水资源的分配与调度还主要依靠行政手段来实现，不利于调动各方面的节水积极性。三是在水价方面，管理部门认为水价太低，无法维持灌溉系统自身的可持续发展，也不利于调动用水者的节水积极性。而目前的灌溉用水者多为社会的低收入群体，承受水价提高的能力很低。这就使得水价制定问题进退两难，也无法发挥其作为经济杠杆来调节水市场供求关系的作用。四是发展节水农业是一项带有明显公益性质的事业，特别是在水权分配和交易机制没有很好地建立起来之前，存在着投资主体和受益主体严重错位的问题。因此迫切需要制定相应的节水农业发展投入政策，明确国家、地方、个人在发展节水农业中的责任、义务和权利，使节水农业发展所需的投入得到充分的保障。

三、节水农业技术体系的组成

根据前面对节水农业发展的总体目标和承载的社会使命的讨论，参照上述3种模式，结合当前节水农业发展中出现的新问题，本书认为在当前的形势和需求下，节水农业技术体系应当包括如下5个子系统。

（一）水资源利用和保护子系统

这一部分的主体功能是确保水资源的合理开发利用，做到既充分利用，又有效保护，为水资源的可持续利用和社会经济的可持续发展提供保障。

组成这一子系统的主体技术措施包括：水资源承载力的系统评价、区域水资源的合理配置、微咸水资源的开发利用、回归水的利用、再生水的利用、降水资源的开发利用和水资源可持续利用的评价与监测等。

（二）工程节水子系统

这一部分的主体功能是为水资源农业利用系统中的输水、配水过程提供良好的工程基础，为减少输配水过程中的水量损失，实现水资源的高效转化提供支撑条件。

组成这一部分的主要技术措施有：渠系配套及衬砌技术、管道输水技术、喷灌技术、微灌技术、土地平整技术、水平畦田灌溉技术、波涌灌溉技术、膜上灌溉技术和畦田规格优化技术等。

（三）农田用水管理子系统

这一部分的主体功能是为工程节水系统的科学运行和农业节水系统的具体实施提供技术支持，实现农业灌溉用水过程的最优化。

这一部分包括的主要技术措施有：节水灌溉制度的制定、作物需水状况的监测预报、区域灌溉过程的优化调度、灌溉用水计量与计费、灌溉过程自动化控制和用水户参与的灌溉管理等。

（四）农作节水子系统

这一部分的主体功能是提高作物用水向社会需求的农产品的转化效率，实现水资源高效利用的最终目标。

组成这一子系统的主要是农作节水措施，包括：高效用水新品种的选育、适宜的作物种类和品种的选用、适宜的作物种植制度、覆盖保墒技术、蓄水保墒耕作技术、水肥耦合利用技术和化学保水与抑蒸技术等。

（五）政策法规子系统

这一部分的主体功能是为节水农业的持续稳定发展提供政策和法规保障，使节水农业发展融入社会主义市场经济的大环境，步入规范、稳定的发展轨道。

这一子系统包含的主要内容有：水权的合理分配、转让与交易体系；水价的制定与征收管理体系；节水工程建设与维护的投入机制；节水产品的产业化生产体系；节水工程的所有权与经营管理权体系等。

由5个子系统及包含的技术措施组成的节水农业技术体系结构如图2-8所示。

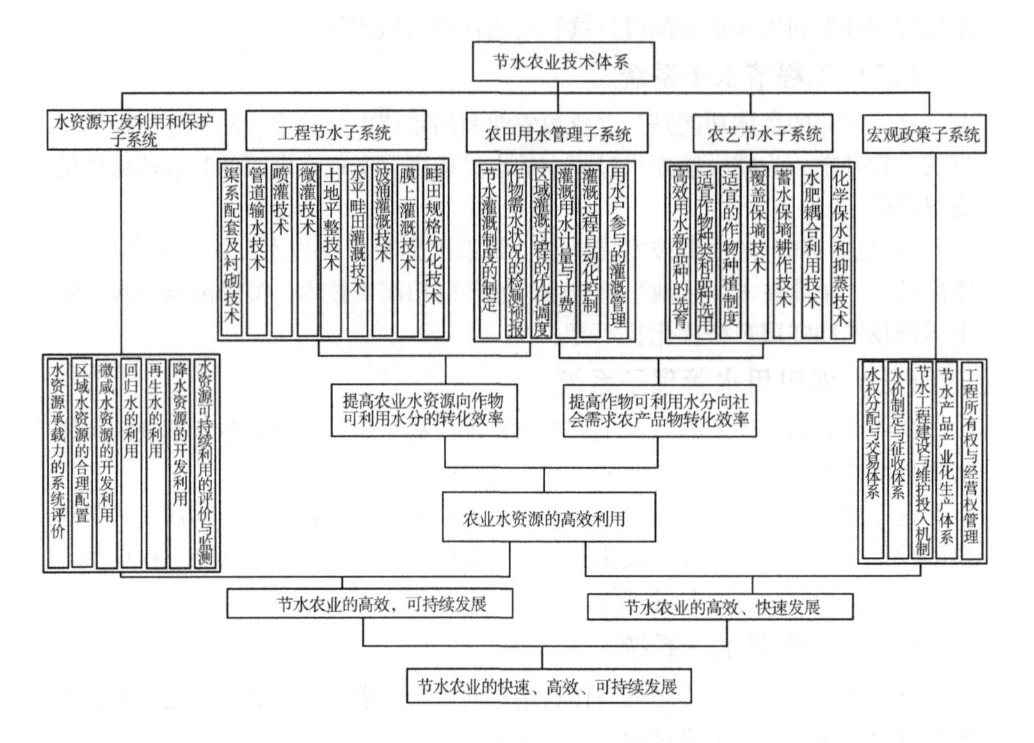

图 2-8　节水农业技术体系结构

主要参考文献

[1]　粟宗嵩. 节水灌溉的水调度理论基础初探 [C] //中国农科院农田灌溉研究所. 全国节水农业和灌排科技发展学术讨论会论文专集. 1989: 22-27.

[2]　贾大林. 如何走节水农业的道路 [C] //中国农科院农田灌溉研究所. 全国节水农业和灌排科技发展学术讨论会论文专集. 1989: 28-30.

[3]　贾大林，司徒松，庞鸿宾. 节水农业技术体系与途径研究 [M] //许越先，刘昌明，沙和伟. 农业用水有效性研究. 北京: 科学出版社，1992: 112-119.

[4]　贾大林. 节水农业是提高用水有效性的农业 [J]. 农村水利与小水电，1995 (1): 5-6.

[5]　王新元，赵昌盛，陈宏恩. 节水型农业与节水技术的研究 [M]. 北京: 气象出版社，1993.

[6] 李宝庆. 黄淮海平原节水农业区域类型的初步研究［M］//许越先. 节水农业研究. 北京：科学出版社，1992：22-27.
[7] 由懋正，袁小良，王新元. 发展节水型农业提高水资源利用效率［M］//华北地区水资源合理开发利用. 北京：水利电力出版社，1990：288-292.
[8] 刘昌明，王会肖. 节水农业内涵商榷［M］//石元春. 节水农业应用基础研究进展. 北京：中国农业出版社，1995：7-19.
[9] 水利部农村水利司. 新中国农田水利史略［M］. 中国水利水电出版社，1999.
[10] 苏人琼. 中国农业可持续发展对水资源的依赖性［M］//沈振荣，苏人琼. 中国农业水危机对策研究. 北京：中国农业科技出版社，1998：40-47.
[11] 张蔚榛. 有关水资源合理利用和农田水利科学研究的几点意见［J］. 中国农村水利水电，1997（增刊）：7-13.
[12] 冯广志. 我国节水灌溉的总体思路［M］//水利部农村水利司. 农业节水探索. 北京：中国水利水电出版社，2001：48-55.
[13] 贾大林. 在防洪排涝的基础上发展节水灌溉和重视旱地农业［J］. 灌溉排水，1984（2）：1.
[14] 刘昌明. 华北平原农业节水与水量调控［J］. 地理研究，1989（3）：1-9.
[15] 王浩，杨小柳. 中国水资源态势分析与预测［M］//沈振荣，苏人琼. 中国农业水危机对策研究. 北京：中国农业科技出版社，1998：1-38.
[16] 水利部科技司. “农业高效用水技术研究、设备开发及产业化”项目论证报告［R］. 1998.
[17] 中国水利年鉴编纂委员会. 中国水利年鉴 2001［M］. 北京：中国水利水电出版社，2001.
[18] 石玉林，卢良恕. 中国农业需水与节水高效农业建设［M］. 北京：中国水利水电出版社，2001.
[19] 黄修桥. 节水灌溉与农业的可持续发展［M］//水利部农村水利司. 农业节水探索. 北京：中国水利水电出版社，2001：181-185.
[20] 粟宗嵩. 节水灌溉的水调度理论基础初探［C］//中国农科院农田灌溉研究所. 全国节水农业和灌排科技发展学术讨论会论文专集. 1989：

22-27.
[21] 贾大林. 大力发展节水农业 [M] //贾大林论文集“盐碱土改良与节水农业”. 北京：中国农业科学技术出版社，1994.
[22] 张启舜，沈振荣. 我国节水型农业发展前景和问题 [J]. 科技导报，1991（6）：32-34.
[23] 陈雷. 节水灌溉是一项革命性的措施 [M] //水利部农村水利司. 农业节水探索. 北京：中国水利水电出版社，2001：24-31.
[24] 中共中央委员会. 中共中央关于农业和农村工作若干重大问题的决定 [R]. 中央十五届三中全会公报，1997.
[25] 汪恕诚. 水权管理与节水社会 [M] //水利部农村水利司. 农业节水探索. 北京：中国水利水电出版社，2001：6-9.
[26] 胡毓骐，李英能. 华北地区节水型农业技术 [M]. 北京：中国农业科学技术出版社，1995.
[27] 李英能. 制定节水灌溉规划促进节水农业发展 [J]. 喷灌技术，1994（3）：13-21.
[28] 水利部水资源公报编辑部. 2000 年水资源公报 [R]. 2001.
[29] 段爱旺，张寄阳. 中国灌溉农田粮食作物水分利用效率的研究 [J]. 农业工程学报，2000（4）：41-44.
[30] 李光永. 以色列农业高效用水技术 [M] //水利部农村水利司. 节水灌溉. 北京：中国农业出版社，1998：74-77.
[31] 张岳. 中国的节水农业 [J]. 农田水利与小水电，1995（1）：2-4.
[32] 张春园. 认清形势，理清思路，做好新时期的节水灌溉工作 [M] //水利部农村水利司. 农业节水探索. 北京：中国水利水电出版社，2001：10-13.
[33] 汪恕诚. 水资源可持续利用是实现社会经济可持续发展的必要前提 [M] //水利部农村水利司. 农业节水探索. 北京：中国水利水电出版社，2001：1-5.
[34] 张世法，李寿声，朱元生. 关于农业水资源可持续发展的思考 [M] //科学技术部农村与社会发展司. 中国农业节水问题论文集. 北京：中国水利水电出版社，1999：93-103.
[35] 张岳. 中国水资源与可持续发展 [M]. 南宁：广西科学技术出版社，2000.
[36] 方生. 农业节水首先要合理调控利用当地水资源 [M] //水利部农村水利司. 农业节水探索. 北京：中国水利水电出版社，2001：127-129.

[37] 沈荣开，张蔚榛. 我国北方半干旱半湿润地区实施节水的几点意见［M］//科学技术部农村与社会发展司. 中国节水农业问题论文集. 北京：中国水利水电出版社，1999：77-92.
[38] 王德荣，罗远培. 推进城镇污水资源化［M］//沈振荣，苏人琼. 中国农业水危机对策研究. 北京：中国农业出版社，1998：142-154.
[39] 靳孟贵，张人权，高云福，等. 加强综合投入，推广咸水灌溉［J］. 中国农村水利水电，1997（增刊）：96-98.
[40] 陈大雕. 我国节水灌溉技术推广与发展状况综述［M］//水利部农村水利司. 农业节水探索. 北京：中国水利水电出版社，2001：153-158.
[41] 贾大林，孟兆江，王和洲. 农业高效用水及农艺节水技术［M］//水利部农村水利司. 农业节水探索. 北京：中国水利水电出版社，2001：170-176.
[42] 雷志栋，胡和平，场诗秀. 关于提高灌溉水利用率的认识［M］//水利部农村水利司. 农业节水探索. 北京：中国水利水电出版社，2001：186-188.
[43] 水利部农村水利司，中国灌溉排水发展中心. 节水灌溉——“九五”回顾［R］. 2001.
[44] 信乃诠，王立祥. 中国北方旱区农业［M］. 南京：江苏科学技术出版社，1998.
[45] 石玉林，卢良恕. 中国农业需水与节水高效农业建设途径［M］. 北京：中国水利水电出版社，2001.
[46] 陶毓汾，王立祥，韩仕峰，等. 中国北方旱农地区水分生产潜力及开发［M］. 北京：气象出版社，1993.
[47] BARKER R，MOLDEN D. Water Saving Irrigation for Paddy Rice：Perceptions and Misperceptions［C］. Beijing：International Symposium on Water Saving Irrigation for Paddy Rice，1999：54-64.
[48] World Bank Delegation for Chinese Water Conservation Project［C］. Water Conservation Project — Technical Assistance Mission，1999.
[49] 冯广志. 节水灌溉体系和正确处理节水灌溉工作中的几个关系［M］//水利部农村水利司. 农业节水探索. 北京：中国水利水电出版社，2001：41-47.
[50] 沈振荣，杨小柳，裴源生. 加强中国农业高效用水发展战略与策略的研究［M］//沈振荣，苏人琼. 中国农业水危机对策研究. 北京：中国农

业出版社，1998：97-117.

[51] 李英能. 试论我国农业高效用水技术指标体系［M］//水利部农村水利司. 节水灌溉. 北京：中国农业出版社，1998：33-37.

[52] 水利电力部水文局. 中国水资源评价［M］. 北京：中国水利电力出版社，1987.

[53] 雷志栋，胡和平，杨诗秀. 关于提高灌溉水利用率的认识［M］//水利部农村水利司. 农业节水探索. 北京：中国水利水电出版社，2001：186-188.

[54] 水利部农村水利司. 节水灌溉技术规范［M］//水利部农村水利司. 节水灌溉技术标准选编，1-22.

[55] 雷志栋，胡和平，杨诗秀，等. 落实十五届三中全会决议，明确推广节水灌溉的主攻方向［M］//水利部农村水利司. 农业节水探索. 北京：中国水利水电出版社，2001：189-191.

[56] 周卫平. 国外灌溉节水技术的进展及其启示［M］//水利部农村水利司主. 节水灌溉. 北京：中国农业出版社，1998.

[57] 段爱旺. 灌溉需水量［M］//水利部国际合作司. 美国国家灌溉工程手册. 北京：中国水利水电出版社，1998.

[58] 马太玲，袁保惠，杨久和. 浅论西北干旱盐碱化灌区节水灌溉［M］//中国农业工程学会农业水土工程专业委员会. 农业水土工程科学. 呼和浩特：内蒙古教育出版社，2001：79-83.

[59] 段爱旺. 作物水分利用效率的内涵及确定方法［M］//中国农业工程学会农业水土工程专业委员会. 农业高效用水与水土环境保护. 西安：陕西科学技术出版社，127-131.

[60] 黄修桥，段爱旺. 我国节水灌溉农业建设途径研究［J］. 灌溉排水，1999（4）：1-6.

[61] 段爱旺. 以色列的高效用水技术及启示［J］. 灌溉排水，1999（增刊）：174-178.

[62] 贾大林，司徒松，王和洲. 黄淮海平原节水农业持续发展研究［M］//盐渍土改良与节水农业—贾大林论文选. 北京：中国农业科技出版社，1994：277-283.

[63] 山仑，张岁岐. 节水农业及其生物学基础［M］//科学技术部农村与社会发展司. 中国节水农业问题论文集. 北京：中国水利水电出版社，1999：30-41.

[64] 田园. 农业节水主攻方向探讨［M］//水利部农村水利司. 农业节水探索. 北京：中国水利水电出版社，2001：130-131.
[65] 田魁祥，刘孟雨，张喜英. 华北地区节水农业发展方向及策略商榷［M］//科学技术部农村与社会发展司. 中国节水农业问题论文集. 北京：中国水利水电出版社，1999：170-178.
[66] 李英能. 我国现阶段发展节水灌溉应注意的几个问题［M］//水利部农村水利司. 农业节水探索. 北京：中国水利水电出版社，2001：159-163.
[67] 刘斌，高建恩，王仰仁. 美国、日本水权水价水分配［M］. 天津：天津科学技术出版社，2000.

第三章　节水潜力的含义和确定方法

发展节水农业，一个很重要的任务就是采取各种节水措施，减少用水过程中的各种水量损失，使有限的水资源得到高效利用。那么，以现阶段的用水实践而言，通过采用相宜的节水技术措施来减少水量消耗的潜力究竟有多大呢？这是当前节水农业发展过程中首先需要回答的问题。科学地分析解决这一问题，对于制定节水政策、开发节水技术、选择节水措施、实施节水管理具有重要的指导意义。

第一节　农业节水潜力的定义

分析农业节水潜力，首先需要一个严格的、科学的农业节水潜力定义。那么，应当怎样定义农业节水潜力呢？

从文字上理解，农业节水潜力应当是指当前农业用水中通过节水措施的实施可以节省下来的水量的多少。在实践活动中，确实有相当一部分人是这样理解的。许多有关节水农业的报道和总结材料，经常会出现当前灌溉定额与过去灌溉定额的比较，通过强调灌溉定额减少的数量来说明取得的成绩。还有通过现在灌一次水比过去少用多少水的比较，特别是在有关喷灌的材料中，经常会遇到喷灌灌溉一次比常规的地面灌溉每亩少用多少水的比较，借此说明喷灌具有的巨大节水效果。当然，这样理解节水潜力是有一定道理的，但完全依此推论却容易以偏概全。总用水量越少，是否就表明节水工作做得越好？每次灌溉的灌水定额是不是越少越好？如果答案是肯定的话，那么现有的节水技术可以很好地协助总用水量和灌水定额向不断减少的方向发展，甚至可以使之趋向于零。很显然，完全用可以减少的水量来定义节水潜力是不够全面的，也是不可行的。

节水潜力的分析是为了服务于节水农业发展的需求，因此节水潜力的定义还需要围绕着实现节水农业发展的总体目标来进行。

一、节水潜力实现的两个途径

实现水资源的持续高效利用，满足社会日益增加的农产品需求是发展节水农业的总体目标。实现水资源的持续利用，关键在于水资源的实际利用量不能超过区域水资源的承载能力。这一目标应当作为区域水资源利用的一个强制性约束条件，也是节水潜力分析的一个外边界约束条件。如果一个区域的用水量，在最大限度节约利用后，仍超出区域水资源的承载能力，那么这种水资源利用模式不可能实现节水农业发展的总体目标，也不可能持续下去。这种情况下，单纯依靠节水措施的实施已经无法解决问题，需要通过引入客水，或强制性的压缩灌溉面积，减少灌溉用水量来实现区域水资源平衡[1]。本章关于节水潜力的分析暂不考虑这种情况。

高效利用水资源、满足社会日益增加的农产品需求，这一目标的实现主要依靠两个途径，即减少水量的无效损耗和提高单位有效利用水量的产出效率，这两个方面都与节水潜力分析有着密切的关系。

灌溉农业中，将水分从水源处调出到灌至田间变成土壤贮水，中间要经过许多环节。由引水处的水源转化为作物蒸腾蒸发过程可以利用的土壤贮水，转化效率的高低常用灌溉水利用系数来衡量。据分析[2]，当前我国的综合灌溉水利用系数为0.4~0.45，这就意味着在水源处每引用1 m^3水，到最后只有0.4~0.5 m^3被作物的蒸腾蒸发过程所利用，而0.5~0.6 m^3的水是在输水和配水过程中损失掉了。而以色列等国家广泛采用渠道衬砌、管道输水和喷灌、滴灌等先进的灌水技术来减少输配水过程中的水量损失，灌溉水利用系数已经达到了0.8~0.95[3-4]。采用先进的节水技术措施，减少输配水过程中的水量损失，对于作物生产过程没有直接的影响，因此可以在保证当地农产品生产所需的条件下减少对水资源的消耗利用量。这部分可以通过节水技术的实施削减下来的水量，应当认为是灌溉农业中需要挖掘的节水潜力。

被作物蒸腾蒸发过程利用的水分，要经过很多因子的作用才能转化为社会所需的农产品。这一转化过程的效率常用作物水分利用效率表示，实际意义是单位水量消耗所能生产的农产品数量。据分析[5]，当前我国粮食作物的综合平均水分利用效率约为1.1 kg/m^3，与世界上先进国家的2.0 kg/m^3相比，有很大的差距[6]。采用相关的节水技术措施，可以有效地提高作物水分利用效率，从而在不增加用水量的情况下，使产出的农产品有较大幅度的增加。

通过提高作物水分利用效率能否“节约”区域水资源，目前对这一问题还有着不同的看法。持否定意见者认为[7-8]，提高作物水分利用效率，并不能相应减少单位面积所消耗的水资源量，因此无法达到节水的目的。而持肯定意见者则认为[9-10]，作物水分利用效率的提高，可以有效增加单位水量消耗所产出的农产品数量。而当社会农产品需求总量一定时，生产过程对水资源的需求和利用量就会因作物水分利用效率的提高而成比例地减少，因此节水的作用是十分明显的。

很显然，两种不同意见的形成关键在于提高水分利用效率后“节省”下来的水资源是否能够被真实调动和利用。在区域内农产品供给尚且不足，或剩余的农产品可以比较畅通地供给区域以外市场需求的情况下，提高水分利用效率的结果，主要体现在更高程度地满足了区域内的社会需求，或是为区域赢得更大的经济回报，对水资源利用量的减少并没有直接的作用。只有在理想的状况下，即区域内的农产品需求基本上是一个定值，当生产的农产品总量超过需求时，就会有足够的市场力量迫使生产过程减少生产数量，这时水分利用效率的提高就会促使种植面积的减少，进而减少对总水资源量的需求和消耗，起到“节水”的作用。应当说，我国各区域，特别是北方地区，目前的实际状况距这种理想状况还有很大的差距，提高作物水分利用效率的作用还主要体现在粮食保障程度的提高和农民收入的增加方面。但是也必须看到，作物水分利用效率的提高，在近些年我国农业总用水量并没有明显增加的情况下，对于保证我国农产品生产的持续增长，满足社会迅速增加的需求起到了非常显著的作用，从而有效地缓解了因社会农产品需求增加而必须扩大灌溉面积、增加水资源开采利用量的压力。

鉴于上述分析，可以把农业节水分为两个层次。通过一定的节水技术措施，直接减少农田灌溉过程中的水量损失，从而减少对水资源的直接消耗量，这是节水的第一层次，可定义为狭义的节水。在此基础上，通过施加其他的节水措施，提高作物用水向社会需求的农产品的转化效率，使单位用水所产出的农产品数量有明显增加，从而通过提高单位土地的农产品生产能力来减少区域内对水资源的总需求量，起到节水作用，这是节水的第二层次，可定义为广义的节水。在狭义节水的范畴内，对节水起主导作用的是工程节水措施[11]。而在广义节水的范畴内，起主导作用的是农作节水措施[12]。

与狭义节水和广义节水的概念相对应，节水潜力也可以衍生出狭义节水潜力和广义节水潜力的区别。狭义节水潜力指的是狭义节水范畴内的节水潜力，而广义节水潜力则是指广义节水范畴内的节水潜力。由于两个节水潜力所包含的内容和涉及的范围都有较大的区别，因此需要对它们的内涵和定义分别进行讨论。

二、狭义节水潜力的定义

狭义节水表达为通过节水措施的实施直接减少农田用水量。那么，通过节水措施的实施可以从农田总用水量中直接节约下来的水量，就应该是狭义节水的潜力。

作物生长过程中的用水可来源于几个方面，包括降水、地下水、土壤贮水和灌溉水。降水的过程和数量是很难人为控制的，所以目标应是最大可能的利用，不存在“节约”的问题。地下水供给作物生长，只在地下水埋深较小（砂性土壤小于2.5 m，黏性土壤小于3.0 m）的地区和时间段内存在，并且通常会引起盐碱化或渍害等问题，应属于改造的范围，以尽量减少其影响，因此可以不加考虑。土壤贮水在生产过程中也是要争取最大可能的利用，不存在“节约”的问题，并且从多年循环的角度考虑，土壤贮水的净变化量是很小的，因此它的影响也可以忽略不计。对于灌溉水而言，一方面它几乎完全受到人为的控制，另一方面用水过程中存在很多损失，有较大的“节约”空间。由此可见，狭义节水应当主要是减少灌溉用水，节水潜力也主要或完全来自灌溉用水。

既然狭义节水潜力表达为灌溉用水总量中应该节约下来的水量，那么与此相对应，就该有一个水量存在，即现有灌溉用水总量中不应该通过节水措施的实施去节约的水量。这一水量可以理解为作物生长过程中需要通过灌溉补充的水量，可称为灌溉需水量。

为了讨论灌溉需水量问题，也为了联结狭义节水潜力和广义节水潜力，这里引入基础用水量的概念。基础用水量可以表达为：在没有地下水补给、没有盐碱危害、没有病虫为害、供肥充足的条件下，满足生产目标需求，保证作物正常生长发育所需要实际消耗的水量。从其内涵分析，以单个作物生长季节来讲，基础用水量与农田水利学科中作物需水量的概念有点近似。但作物需水量是从充分满足作物用水的角度考虑，立足点在单个作物生长季需水量。而基础用水量是从满足生产目标的角度出发，立足点在区域水量供需分析。

应用作物需水量分析中所采用的理论和方法[13]，灌溉需水量可用式（3-1）计算。

$$WRI = WRB - PE + WRS - WG \tag{3-1}$$

式中，*WRI* 为灌溉需水量；*WRB* 为基础用水量；*PE* 为有效降水量；*WRS* 为附加需水量，包括洗盐、防霜冻、防干热风，灌溉施肥及播种等用水；*WG* 为地下水补给量。

有了灌溉需水量的概念，狭义节水潜力可以通过式（3-2）确定。

$$WSPN = TQI - WRI \tag{3-2}$$

式中，*WSPN* 为狭义节水潜力；*TQI* 为现状灌溉用水总量。

现状灌溉用水总量可以通过调查统计确定，可以看作是一个已知数。这样，确定狭义节水潜力的问题就基本上转化为确定农田基础用水量和灌溉需水量的问题了。

农田灌溉的目的是为作物生长创造良好的水分条件，以获得较好的农产品产出结果。因此在一般情况下，无论采取什么样的工程节水措施，都应当为农作物的正常生长发育提供足够的水量。这就要求采取各类工程措施挖掘狭义节水潜力时，一般不应当使农田总用水量的数值低于农田基础用水量。

决定农田基础用水量的主导因子是当地的气象条件、所种植作物的需水特性及生产目标，而需要通过灌溉补充的水量主要受作物基础用水量和有效降水量控制[13]。

通过以上分析，可以为狭义节水潜力做出如下的定义：狭义节水潜力是在满足作物基础用水的条件下，通过各类节水技术措施的实施，可以从现有灌溉用水总量中直接减少的数量。

通过挖掘狭义节水潜力而节约下来的这部分水量，可以通过减少水资源的取用量，提高区域水资源可持续利用的保证程度实现其价值，也可以通过用于灌溉其他的土地，产出更多的农产品而实现其价值。

狭义节水潜力的几个特性需要在实际应用时予以高度重视：一是区域性。由于灌溉用水总量的调查统计通常是以区域为单位进行的，有时是以灌区为单位，有时是以行政区为单位，因此确定的节水潜力应当是一个区域的概化数值，而非某一田块的具体数值。二是地域性。由于不同的灌溉区域在气候条件、作物种类、工程条件、管理条件、水资源条件等方面各不相同，因此在现有灌溉用水总量和农田基础用水量上都有较大的差别，这就使得各区域的狭义节水潜力有着很大的差别。各地的狭义节水潜力要根据当地的具体情况而确定。三是时间性。随着区域条件的不断改变，节水潜力也会不断变化。特别是随着节水措施的不断实施，节水潜力会逐步减少，因此节水潜力只代表某一特定时期的状况。

三、广义节水潜力的定义

广义节水主要是通过提高作物水分利用效率而实现的。作物水分利用效率表示为单位用水量所产出的农产品数量，可用式（3-3）确定[14]。

$$WUE = YD/WU \tag{3-3}$$

式中，*WUE* 为水分利用效率；*YD* 为农产品产量；*WU* 为用水量。

对式（3-3）进行变换，可得出计算用水量的公式如下。

$$WU = YD/WUE \tag{3-4}$$

由式（3-4）可知，用水量与产量成正比关系，与水分利用效率成反比关系。单从这一公式理解，提高 *WUE* 应当具有明显的减少用水量的作用。

但在实际生产中，经常遇到的情况并非完全如此。部分农业节水技术措施的实施，比如覆盖措施，具有明显地减少 *WU* 的作用。但还有许多其他措施，像合理施肥、改善品种等，通常并不会减少农田的用水量，更多的情况下是农田用水量还会略微有所增加。这些农业节水技术措施主要是通过增加式（3-3）中的分子部分来提高水分利用效率的[15]。鉴于此，为了便于比较分析，可以设定式（3-4）中的 *YD* 为一定值。与狭义节水潜力一样，广义节水潜力分析的也是当前生产实际的节水潜力，所以 *YD* 可以取为当前的产量值。如果节水潜力分析是以单位面积为基础进行的，*YD* 就是当前的平均单位面积产量，单位可以是 kg/亩或 kg/hm^2。如果节水潜力分析是以区域为基础进行的，*YD* 就是区域当前的农产品总产量。

通过以上分析讨论，可以为广义节水潜力做出如下的定义：广义节水潜力是在保证现有生产面积上产出的农产品总量不变的基础上，依靠节水技术措施的实施，可以使基础用水量减少的数值。

与狭义节水潜力一样，广义节水潜力也具有很强的区域性、地域性和时间性，在实际应用时要给予足够的重视。此外，广义节水潜力还要很好地考虑它的作物特异性。由于不同的作物具有不同的生产特性，特别是作为社会需求农产品的收获部位有着很大的区别，有的是籽实（如小麦、玉米等），有的是块茎或块根（如薯类、甜菜等），有的则是果实（如部分蔬菜和果树），有的甚至是整个地上部分（如牧草、青贮玉米及部分蔬菜）。不同作物之间的这些差别，造成不同作物的水分利用效率的真正含义和数值具有很大的差别，因此在进行广义节水潜力分析，特别是区域内广义节水潜力综合分析时要特别关注，对此进行适宜的处理。

四、农业节水潜力的定义

在前面有关节水潜力的分析讨论中，灌溉农业生产全过程中的节水潜力被分解为两个部分，并被分别定义为狭义节水潜力和广义节水潜力。在引入了基础用水量这一概念后，狭义节水潜力和广义节水潜力具有了完全的独立性，同时两个节水潜力也具备很好的衔接性。农业节水潜力由狭义节水潜力和广义节水潜力两部分共同组成。

在狭义节水潜力定义和广义节水潜力定义的基础上，可以对农业节水潜力做如下的定义：农业节水潜力是在保证现有灌溉面积上产出的农产品总量不变的基础上，通过各类节水技术措施的实施，可以使现有农田用水总量减少的数量。

农业节水潜力由狭义节水潜力和广义节水潜力共同组成，因此兼具了两者的一些特性，包括区域性、地域性、时间性和作物特异性，在实际应用中要予以特别的注意。

第二节　农业节水潜力的确定方法

关于农业节水的潜力问题，过去也有过不少的讨论。一种方式是具体讨论某项技术措施的节水效果和潜力[16-19]，比如渠道防渗措施、秸秆覆盖措施、水肥耦合措施，或是用水价格等管理措施。另一种方式是从全区域现有的用水状况入手，探讨如果灌溉水利用系数，或是田间水分利用效率提高一定的数值，那么全区域就可以有多大的节水潜力[20-21]。这两种节水潜力分析方法都各自表现了事物的一个方面。探讨全区域灌溉水利用系数或田间水分利用效率提高所能够产生的节水潜力，对于区域节水灌溉目标的制定和水资源平衡利用规划具有重要意义；而分析探讨各项具体节水技术措施的节水效果，对于节水技术措施本身的不断改进，以及区域节水农业发展过程中适宜节水技术措施的选择都有积极的促进作用。

但是，对于区域农业节水潜力的确定而言，这两种分析方法都很难满足需求。以逐项分析可能采取的各种技术措施的节水潜力为基础，然后通过系统综合来确定区域的节水潜力，这个途径是很难实施的。困难主要来源于几个方面：一是很难确定究竟应当使用哪些节水技术措施；二是难以准确确定各类节水技术措施的实施规模；三是难以排除或分清各类节水技术措施节水潜力的叠加作用成分；四是难于定量确定环境条件变化对一项节水措施节水效果的影响作用。

通过探讨全区域灌溉水利用系数或田间水分利用效率的可能提高程度，进而确定全区域的节水潜力，这种方式分析节水潜力较为易行，也具有较强的宏观性，但通常显得可靠性不足。首先，灌溉水利用系数或田间水分利用效率可能提高的幅度多属估计数值，通常缺乏足够的可信度。其次，估计有关数值时可能会对一些因素过分强调，而对其他因子考虑不足。经常出现的问题是对工程成分考虑得多，对管理成分考虑得少；对技术成分考虑得多，对经济和人的因素考虑得少；对生产成分考虑得多，对生态成分考虑得少；最终使得估计的数值严重偏离生产实际。最后，无法对未来节水技术措施的发展，以及社会经济政策等方面的变化进行科学的估计，也容易造成预测数值的较大误差，影响节水农业发展的科学决策。

鉴于从各单项节水技术措施节水效果的分析入手，最后汇成区域的节水潜力这一途径难以实施，因此这里的农业节水潜力分析还是首先从宏观角度开始。为了克服过去一些区域农业节水潜力宏观分析结果可靠性不足的问题，这里将通过新的思路和方法，以大量可靠的试验数据为基础来确定区域农业的节水潜力。

为了分析问题的方便，这里引入两个概念：理论节水潜力和可实现节水潜力。

理论节水潜力表示的是节水活动可以节省水量的极端最大值，是在输配水过程中没有任何损失、农产品生产只受环境中的光能和热量条件所制约、农业水资源经过了最为合理的调配的理想条件下可以减少的水资源消耗量。当然了，这样的理想条件目前是不存在的，或者说实现这样的理想条件在目前的技术和经济条件下是不可行的，因此理论节水潜力表示的是一个潜势值。

理论节水潜力是由农业用水过程中各个环节上的节水潜力所组成的。因此节水潜力可以分解为各个环节上的节水潜力，如输水环节上的节水潜力、配水环节上的节水潜力，以及用水环节上的节水潜力等。应当说，每个环节上的节水潜力都有其最大值，并且不是完全不可能实现的。比如输水环节上，通过采用管道输水，加上严格的施工与管理，完全可以使渠系水利用系数接近 1.0。现在的问题是我们暂时还没有这么强的经济实力，或是从农业的投入产出来说，这样做并不是最优的结果，当然也有可能是现有节水灌溉技术水平还满足不了需求。实际上，理论节水潜力能够实现到多大程度，完全取决于对现有灌溉模式的改造程度，包括对现有灌溉工程和管理体系的改造。由投入水平、投入效益和科技水平所决定的理论节水潜力中可实现的部分，这里就定义为可实现节水潜力。

通过上述分析可知，可实现节水潜力是一个很不确定的东西，要受到许多因子的影响，当前的用水数量、工程现状、投入趋势、市场前景等。每一个因子都会对它产生极大的影响。可实现节水潜力的分析具有很强的特殊性，要针对一个区域的具体情况进行具体的分析。因此，下面有关的节水潜力确定方法的分析主要是针对理论节水潜力进行。

在前面的分析中，农业节水潜力被区分为狭义节水潜力和广义节水潜力两大部分，这里的节水潜力确定方法分析也紧紧围绕这两种节水潜力进行。

一、狭义节水潜力的确定方法

由于不同作物的基础用水量和有效降水量等方面都有很大的差别，故而以下的分析都是以单一作物为基础进行的，并且确定的数值都是单位面积上的值。

将式（3-1）代入式（3-2），可以得出如式（3-5）所示的估算节水潜力的公式。

$$WSPN_i = TQI_i - (WRB_i - PE_i + WRS_i - WG_i) \quad (3-5)$$

式中，$WSPN_i$为第 i 种作物的狭义节水潜力；TQI_i为第 i 种作物的灌溉用水总量；WRB_i为第 i 种作物的基础用水量；PE_i为第 i 种作物的有效降水量；WRS_i为第 i 种作物的附加需水量，主要为洗盐压碱用水量；WG_i为第 i 种作物的地下水补给量。

对于大多数灌区来说，地下水利用量和洗盐用水是可以忽略不计的。在存在严重盐碱化的灌区，当前安排水量洗盐是必要的，但从长远发展来看，盐碱问题应通过灌区基础条件的建设和盐碱地改良来逐步解决，最终消除盐碱的危害。作物生育期利用地下水，在很多情况下是与土壤的次生盐碱化相伴随的，因此从长远发展来看，也属于通过灌区建设与改造消除的范畴之列。由此可以认为，在分析近期的可实现节水潜力时，洗盐压碱用水和地下水利用量应当加以考虑，但从分析区域理论节水潜力的角度看，附加需水量和地下水利用量都可以忽略不计。这样，计算节水潜力的式（3-5）可以简化为如下的公式。

$$WSPN_i = TQI_i - WRB_i + PE_i \quad (3-6)$$

由此可知，为了估算节水潜力，需要首先确定灌溉用水总量，基础用水量和有效降水量。

（一）灌溉用水总量

根据狭义节水潜力的定义和内涵可知，灌溉用水总量是当前生产实践中为了农田灌溉需求而调用和消耗的水资源总量。

灌溉用水一般有两个来源，一是引用地表水，二是开采地下水。引用地表水包括从河道（泉源）中引水和从水库、塘坝（也应该包括水窖）中引水灌溉。开采地下水是通过打井，利用动力从浅层或深层地下水体中取水灌溉。

灌溉用水总量一般通过统计汇总得到，可用两种单位表示。一是单位面积的用水量，即灌溉定额；二是区域总用水量。区域总用水量等于区域平均灌溉定额与区域灌溉面积的乘积。

确定区域灌溉用水总量时，要对现有统计数据进行仔细的审核，重点分析区域内是否存在地下水量和地表水量的重复计算问题[22]。对于纯引水灌区，灌溉引水总量即是区域灌溉用水总量。对于纯井灌区，提水量一般也可作为灌溉用水总量考虑。而对于井渠结合灌区，灌溉用水总量则不等于渠灌引水量和井灌提水量之和。这是因为在渠道引水灌溉过程中，有相当一部分水量通过渗漏补给了地下水体，而这些水量随后又被作为井灌时的水资源利用了。在井渠结合灌区，要在充分研究分析渠水和井水的转化和利用问题后，确定相应的灌溉用水总量，它应当是该区域内实际消耗的水资源量。

（二）基础用水量

基础用水量表示的是作物生育期内需要消耗的水量。对于需要消耗的水量的定义，目前尚有不同的看法。一种观点认为它应当与作物需水量的定义一致，即表示为“满足健壮作物因蒸发蒸腾损耗而需要的水量深度。这种作物是在土壤水分和肥料充分供应的大田土壤条件下生长的，并在这一环境条件中发挥全部产量的潜力”[23]，或是表示为“作物在适宜的土壤水分和肥力水平下，经过正常生长发育，获得高产时的植株蒸腾、棵间蒸发，以及构成植株体的水量之和”[24]。另一种观点认为现在面临全国性的农业水资源短缺形势，大力发展非充分灌溉将是未来灌溉发展的总体趋势。因此，需要消耗的水量应以保证农田总水分利用效率最高为基础[25]。

应当看到，这两种理解都有其合理性，同时也存在不足。采用作物需水量的定义确定“作物需要消耗的水量”，优势在于作物需水量有着良好的理论基础，并有成熟的计算方法和丰富的基础数据，可以确保计算结果的稳定性和通用性，缺点是不能保证用水效率最高。如果以水分利用效率最高为基础确定“作物需要消耗的水量”，优点很明显，即能够显著提高水分利用效率。但是，这一方法目前尚缺乏完善的理论体系，更为重要的是缺乏系统可靠的基础资料积累，因此很难保证确定结果的可靠性与通用性。此外，有一点还需引起足够的重视，就是非充分灌溉的全面实施，需要有良好的水管理体系作保障。我国许多大中型灌区，尤其是自流引水灌区，目前普遍缺乏良好的水分监测与调控设施，并且水管理水平低下，很难保证非充分灌溉制度的实施，操作不好容易造成较大的产量损失。因此，在这些区域以作物需水量为基础估算节水潜力，显得更为可靠。但对于管理水平较高的灌区，如纯井灌区、高扬水灌区，或装备了现代化水管理设备的渠灌区，采取以水分利用效率最高为基础的“作物需要消耗的水量”概念更为合理。

1. 作物需水量

目前国际上普遍采用的，也被认为是最简便可靠的作物需水量估算方法是参考作物法[13,26-27]。在这一方法中，作物需水量用以下公式估算。

$$ET_{cj} = ET_{0j} \cdot K_{cj} \tag{3-7}$$

式中，ET_{cj}为第j阶段的作物需水量；ET_{0j}为第j阶段的参考作物需水量；K_{cj}为第j阶段的作物系数。

参考作物需水量代表的是一种假想存在的标准作物的需水量，其他作物的需水量则通过作物系数与其发生联系。现在世界上普遍以草作为标准作物，并通过对其环境条件的逐步规范，使参考作物需水量的概念和定义更加严格和明确。联合国粮食及农业组织对参考作物需水量的最新定义为：参考作物需水量为生长均匀茂盛、完全遮蔽地面、供水充分、植株高度0.12 m、具有固定的表面阻力（70 s/m）和反射率（0.23）的面积无限大的绿色草地上的蒸腾蒸发量。参考作物需水量与具体的作物无关，完全由当地的气象条件决定，因此它是一个潜势值[26]。

有多种方法可以用于通过气象资料计算参考作物需水量。但Jensen等以大型蒸渗仪的测定结果为基础，对20种计算干旱和湿润区域ET_0的方法进行了比较，发现Penman-Monteith方法在所有环境下都最为精确[27]。我国的一些学者也对这种方法在我国的应用情况进行了分析研究，结果显示这种方法要优于过去应用的一些方法[28-29]。采用Penman-Monteith方法计算参考作物需水量时需要使用四项气象要素，包括气温（平均、最高和最低温度）、湿度、风速和太阳辐射（或日照时数）。

FAO推荐的最新版计算参考作物需水量的Penman-Monteith公式的表达形式如下[26]。

$$ET_0 = \frac{0.498\Delta\ (Rn-G)\ +\gamma \dfrac{900}{T+273} U_2\ (e_a-e_d)}{\Delta+\gamma\ (1+0.34U_2)} \tag{3-8}$$

式中，ET_0为参考作物需水量；Δ为饱和水汽压与温度关系曲线的斜率；Rn为净辐射；G为土壤热通量；γ为湿度计常数；T为空气温度；U_2为2 m高处的风速；e_a为实际水汽压；e_d为饱和水汽压。

作物系数的确定方法有两种。一是通过田间试验，在较好的生长和水分供应条件下，测定作物的实际蒸腾蒸发量，并作为作物需水量值（ET_c）使用，然后结合根据气象资料计算确定的参考作物需水量（ET_0），用以下公式计算确定。

$$K_c = ET_c / ET_0 \tag{3-9}$$

我国通过全国范围内的协作试验研究，基本确定了各个区域、主要作物的作物系数，可供使用。需要说明的是，利用式（3-9）计算确定这些作物系数时，ET_0是根据老的 Penman-Monteith 公式计算的[30]。

最近几年，结合参考作物需水量的标准化和对作物实际耗水规律研究的新进展，提出了根据当地的气象条件，结合作物的一些基本数据计算作物系数的方法，分为单值作物系数法和双值作物系数法[26,31-35]，为没有进行过系统灌溉试验的地区计算作物需水量提供了极大的便利。

计算出作物生育期内各时段的参考作物需水量和作物系数后，即可利用式（3-7）计算确定作物各时段的需水量。实际应用时，作物需水量通常以旬为单位计算确定。对逐旬计算出的作物需水量进行累加，即可确定作物全生育期的需水量。

按照前面的分析，这一全生育期需水量值可以作为该种作物的“基础用水量”值使用。

2. 非充分灌溉的基础用水量

应当说，非充分灌溉是一个非常模糊的概念，也只是与传统的充分满足作物需水的充分灌溉方式相对应的一个名词。什么是非充分灌溉，如果仅仅理解为不充分满足作物对水分需求的灌溉方式，显然是不够的。是否所有的非充分灌溉都要优于充分灌溉呢，答案显然也是否定的。因此，非充分灌溉需要有严格的概念和定义，否则确定适用于非充分灌溉的基础用水量就无从下手了。

问题还得从实行非充分灌溉所要达到的目标入手解决。为什么要实施非充分灌溉呢，原因是认为充分灌溉条件下的水分利用效率不高。由此可见，非充分灌溉追求的是提高农田用水的利用效率。那么这里就以田间水的利用效率最高为目标，来确定适用于非充分灌溉的基础用水量。

采用非充分灌溉提高作物水分利用效率，可以通过两个途径实现。一个途径是通过适宜的方式减少灌溉定额，保证每个田块每种作物的水分利用效率都达到或接近最高水平，借此提高全区域的水分利用效率[36]。另一个途径是全区域的水源统一规划调度，通过最优化技术分配水量，不保证单个田块达到最佳，而追求全区域实现最优，使区域水平上的水分利用效率达到最大[37]。从实际应用的情况看，第一种途径适用于供水充分，但有意识的通过非充分灌溉提高水的利用效率的情况下使用。第二种途径适用于总供水量不足，希望通过区域水源的优化配置与调度，实现总体水分利用效果最佳的情况。

当一个区域的供水不能充分满足所有作物正常生长需要时（可能是水资源短缺，也可能是工程供水能力不足），就必然有一部分农田不能得到适时适量灌溉。为了使有限水资源发挥最大作用，获得总体产出最优，需要对有限水资源进行最优化配置。这种优化配置包括几个方面的内容：一是各子区域之间的分配；二是各种作物之间的分配；三是一种作物各生育期之间的分配。

进行这种优化配置需要确定以下几个方面的基础数据：一是可供分配的水资源总量，包括时期分配；二是需要灌溉的作物种类及面积；三是不同时期缺水对作物产量的影响；四是优化目标及其他约束条件。随着这四个方面基础数据的变化，最终确定的非充分灌溉方案也会发生变化。因此，水资源优化配置具有明显的“随机应变”性，从事这一工作也需要十分强调“因地制宜”[38]。

应当看到，水资源的优化配置是一个非常复杂的问题，需要多方面的基础数据和基本参数。同时，随着社会需求和市场等因素的变化，优化的目标和基本参数也会发生较大的变化，这就使得优化结果的适用性具有明显的时效性，同时优化过程必须经常反复进行才能保证与现实需求的一致。

基于这些需求和困难，可以说，适用于非充分灌溉的基础用水量的确定很难按照第二种途径实现的。因此，下面主要讨论通过第一条途径确定非充分灌溉下的基础用水量。

确定非充分灌溉条件下的基础用水量，需要从作物产量和用水量之间的关系入手进行分析，在这一方面国内外都做过许多研究工作[39-42]。研究结果显示，作物产量与用水量之间的关系基本上可以用二次曲线描述，即随着作物用水量从极少的量（严重干旱）变化到极大的量（严重涝害），作物的产量会从无到有，逐步增加到最大值，然后再逐步下降至零，这一过程可以用如下公式表示。

$$YD_i = aWU_i^2 + bWU_i + c \tag{3-10}$$

式中，YD_i为作物产量；WU_i为作物用水量；a，b，c为回归系数。

需要说明的是，这里的用水量是指作物实际消耗的水量，在许多文献中常用ET_c表示。

下面以式（3-10）所示的作物产量—用水量关系模式为基础，对作物用水过程中的几个特征值进行分析。

(1) 最大产量及其相应的用水量

二次函数关系的曲线为抛物线，存在极值。即当自变量为某一特定数值时，因变量会达到最大值。这一特性用于作物全生育期产量与用水量关系模型，可以求得产量达到最大值时的作物用水量值。

对式（3-10）求导，并令$\frac{dYD}{dWU_i}=0$，可得：

$$\frac{dYD}{dWU_i}=(aWU_i^2+bWU_i+c)=2aWU_i+b=0 \quad (3-11)$$

求解该方程，可得产量达到最大值时的作物用水量值。此值记为$WU_{极}$，则有：

$$WU_{极}=-\frac{b}{2a} \quad (3-12)$$

根据式（3-10）和式（3-12），可以求得作物的最大产量值（$YD_{极}$）和相对应的作物用水量值（$WU_{极}$）。

（2）最大水分利用效率值及其对应的用水量

将式（3-10）代入式（3-3），可以得出计算作物水分利用效率（WUE）的公式如下：

$$WUE=YD/WU_i=\frac{aWU_i^2+bWU_i+c}{WU_i}=aWU+b+\frac{c}{WU_i} \quad (3-13)$$

式（3-13）也是一个二次曲线函数，因此也存在极值。令$\frac{d(WUE)}{dWU_i}=0$，则有：

$$\frac{d(WUE)}{dWU_i}=a-\frac{c}{WU_i^2}=0 \quad (3-14)$$

求解该方程，并记此时的WU_i为$WU_{经}$，则有：

$$WU_{经}=\sqrt{c/a} \quad (3-15)$$

这是使作物水分利用效率达到最大时的用水量值，称为经济用水量。

（3）非充分灌溉的适宜用水量区间

经济用水量是一个点值，在生产实际中制定灌溉定额时，特别是实施田间灌溉时，是很难精确地按照这一数值进行的。因此，最好的做法是为非充分灌溉定额限制一个范围。图3-1所示的是作物产量、水分利用效率和作物用水量之间的关系图。根据作物产量与用水量关系曲线，以及水分利用效率与用水量关系曲线上的几个特征值，可以把作物用水量的变化过程划分为3个具有代表性的阶段。

第一阶段：从$WU_i=0$变化至$WU_i=WU_{经}$。

这一阶段中，随着作物用水量的增加，作物产量迅速增加（YD线），水分利用效率（WUE线）也不断提高，并在该阶段结束处达到最大值。这说明

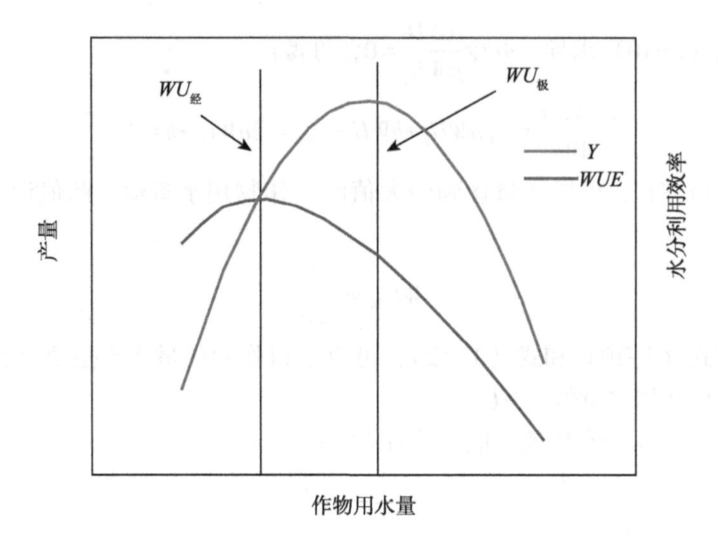

图 3-1　作物产量和 *WUE* 与用水量之间的关系

该阶段灌溉水的投入产出比在不断提高，即用水量的增加会使产量迅速提高，灌溉效益也不断得到提高。因此在许可的情况下，作物用水量都不应低于 $WU_{经}$，由此可以将 $WU_{经}$ 作为作物用水量的下限值。

第二阶段：从 $WU_i = WU_{经}$ 至 $WU_i = WU_{极}$。

在这一阶段，随着作物用水量的增加，产量仍在继续增加，但水分利用效率已开始下降。从最大效率利用有限水资源的角度看，这时再增加单位面积的用水量，已开始造成水资源总体利用效率的降低。但从生产的角度看，这期间继续增加作物用水量仍可使产量不断增加。

第三阶段：$WU_i > WU_{极}$。

当 $WU_i = WU_{极}$ 时，作物产量达到最大值。之后再增加作物用水量，不仅水分利用效率会继续降低，就是产量也会开始下降。这表明供水已明显过多，再增加水分对作物产生的将是副作用。因此 $WU_{极}$ 是作物用水量的上限值，无论什么情况，都不应使 WU_i 值超过这一限度。

通过以上的分析可以认为，非充分灌溉用水量的适宜区间应该是 $WU_{经}$ 至 $WU_{极}$。在水资源供应紧张的情况下，用水量应尽量向 $WU_{经}$ 靠近。而在水资源供应相对宽裕的情况下，用水量应尽量向 $WU_{极}$ 靠近。

根据田间试验资料拟合的作物产量—用水量二次关系曲线确定的 $WU_{极}$，有时会大于作物需水量值，这显然是不尽合理的。调整的方法是将计算得到的作物需水量值设定为 $WU_{极}$。

（4）由 ET_{ci} 计算经济用水量的折算系数

在实际应用过程中，只有部分地区可以根据当地的灌溉试验资料建立适合当地条件的作物用水量与产量关系模型，并求出该地区主要作物的经济用水量值。对于那些缺乏灌溉试验资料的站点，可以暂时借鉴使用其他条件相似站点的资料，确定当地的经济用水量值，指导当前的节水灌溉实践。待通过在当地进行的灌溉试验获得可靠的作物产量—用水量关系函数后再做校正。

在那些缺乏灌溉试验资料的区域确定经济用水量时，建议使用折算系数法进行。这里的折算系数表示为当地的经济用水量与作物需水量的比率，用下式计算：

$$k_{折i}=WU_{经i}/ET_{ci} \tag{3-16}$$

式中，$k_{折i}$ 为第 i 种作物估算经济用水量时的折算系数；$WU_{经i}$ 为第 i 种作物的经济用水量；ET_{ci} 为第 i 种作物的作物需水量。

由于作物需水量可以通过气象资料计算确定，所以如果确定了相应的折算系数，当地的经济用水量就可以很方便地计算出来。

国内有部分灌溉试验站积累有较为丰富的灌溉试验资料，对这些试验资料进行较为系统的分析整理后，确定的粗略估计部分作物经济用水量的折算系数列于表 3-1 中，可供参考使用。

表 3-1　部分作物估算经济用水量的折算系数

指标	冬小麦	春小麦	夏玉米	春玉米	棉花	水稻	大豆	谷子
$k_{折}$	0.776	0.778	0.751	0.882	0.801	0.930	0.868	0.880
n	15	5	8	4	8	1	2	1

注：$k_{折}$ 为作物估算经济用水量时的折算系数；n 为样本数。

3. 对水稻灌溉问题的特殊处理

上面讨论确定的基础用水量，无论是用于充分灌溉的“作物需水量”，还是用于非充分灌溉的“经济用水量”，都是针对旱作物进行的。由于这里的“作物用水量”概念采用的是“作物田间实际消耗的水量值”，故而在水稻生产过程中必不可少的田间渗漏量和泡田用水量并没有被考虑进去。因此，在确定水稻的基础用水量时，需要在根据上述方法确定的“作物需水量”或“经济用水量”的基础上，加上田间渗漏量和泡田用水量。

稻田的渗漏量与泡田用水量，因各地的土质与地下水埋深差异较大，所以量上的变化很大。准确确定稻田的渗漏量和泡田用水量是一个很复杂的过程。

由于本章所分析的问题重点不在这里，故而不再展开论述，详细分析可参考《中国主要作物需水量与灌溉》一书。这里只是根据对各省的灌溉试验资料进行的整理分析，粗略汇总出不同地区的稻田渗漏量和泡田用水量（表3-2），可供参考使用。

表3-2 稻田渗漏量与泡田用水量 单位：mm

地区	中稻		早稻		晚稻	
	渗漏量	泡田用水量	渗漏量	泡田用水量	渗漏量	泡田用水量
麻城			232	100	119	100
武汉	160	100				
宜昌	160	100				
南京	160~230	100				
合肥	120	130~210	300	120	300	120
长沙			200	80~100	150~200	50~80
上海	160~230	150				
南昌			100	179	150	104
杭州			100	65	100	100
南平			100	100	150	100
福州			200	100	200	100
柳州			237	100	261	140
南宁			184	100	114	140
韶关			258	60	218	70
厦门			113		190	
广州			258	183	218	169
海口			258	183	170	108
贵州	250~300	110				
成都	350	120				
沈阳	370	150				
吉林	350	150				
哈尔滨	350	150				

（续表）

地区	中稻		早稻		晚稻	
	渗漏量	泡田用水量	渗漏量	泡田用水量	渗漏量	泡田用水量
郑州	250	160				
唐山	157	160				
呼伦贝尔扎兰屯	207	284				

（三）有效降水量的确定

有效降水量的概念，学界目前尚无一个被普遍接受和认可的定义。《美国国家灌溉工程手册》[13]中的定义为："可以用于满足作物生长过程中蒸腾蒸发需要的那部分降水。"按照这一定义，总降水量中以地表径流形式流出田间，以及渗漏至作物根区以下的那部分水量，是不包括在有效降水范围内的。在存在盐碱危害的地区，因降水产生的渗漏对洗盐是有好处的，但这里使用的定义也不包括这部分降水。这是因为洗盐在一些地方很重要，但在另一些地方则不需要。降水中渗漏部分对洗盐的作用放在计算洗盐需水量时考虑，而不包括在有效降水的定义中。

降水对作物蒸腾蒸发过程的有效性要受到许多因子的影响，包括降水特性、地形特征、土壤特性、降水时的土壤水分状况、地下水状况、种植的作物种类、农田水管理水平等多个方面。因此，利用已有的降水观察记录资料确定当地的有效降水量是一个非常复杂的过程。在水利部主持下开展全国性协作项目"全国主要农作物需水量等值线图的研究"的过程中，各省区使用了多种不同的有效降水量确定方法[24,30-31,42]。有的将生育期全部降水都视为有效，有的直接采用总降水量乘以一个固定的系数计算有效降水量，有的则采用其他类型的经验公式计算。由于采用的方法不同，致使不同省区的计算结果在通用性上存在一定的问题，使得同一种作物的缺水量等值线在相邻两省的省界处无法相连。应当说，各省采用的根据降水资料计算有效降水量的模式有其合理性，但缺乏必要的通用性。这种情况出现的根本原因在于我国的许多试验工作缺乏连续性，10 年、20 年，甚至 50 年的连续做同一项研究，并且在较大的范围内多点同步的开展是很难想象的，因此，也就无法根据我们自己的试验资料，提出适合我国大部分地区使用的有效降水量计算模式。

鉴于这种情况，建议采用《美国国家灌溉工程手册》中推荐使用的，并根据我国的实际情况进行修正了的方法计算确定各地的有效降水量[36]。根据降水总量计算有效降水量的模式如下。

$$PE=\begin{cases}40 & P_t\leqslant 40\ \text{mm}\\ 40+SF\left[1.2525\ (P_t-40)^{0.82416}-2.935224\right]\ (10^{9.5511811\times 10^{-4}ET_c}) & P_t>40\ \text{mm}\end{cases} \tag{3-17}$$

式中，PE 为旬平均有效降水量（mm）；P_t为旬平均降水量（mm）；ET_c为旬平均作物需水量（mm）；SF 为土壤水分贮存因子，用下式确定。

$$SF=0.531747+1.162063\times 10^2 D-8.943053\times 10^{-5}D^2+2.3213432\times 10^{-7}D^3 \tag{3-18}$$

式中，D 为可使用的土壤贮水量（mm），可取为作物根区土壤有效持水量的 50%。

上述公式计算有效降水量是以旬为单位进行的。作物全生育期的有效降水量由生育期内各旬的有效降水量累加而成。如果作物生育期在某个旬中（苗期和收获期）只占部分，可以对这一阶段的降水量单独统计，并用式（3-17）单独计算有效降水量，再累加到全生育期有效降水量中。

此外，如果某个旬计算得到的有效降水量大于该旬的作物需水量（ET_c），则该旬的有效降水量值要调整为该旬的作物需水量值，以保证灌溉需水量不小于零。

（四）区域基础用水量的确定

由于不同作物和生长时期不同，生育习性也各异，所以不同作物生育期间的参考作物需水量、作物系数和有效降水量也各不相同。由此可以得知，上面讨论的基础用水量确定方法，只适用于单一作物，也即不同作物的基础用水量需要分别单独计算。当区域内种植的各种作物的基础用水量都确定下来后，区域范围的基础用水总量即可以这些单一作物的基础用水量为基础，结合各种作物的种植面积，计算公式如下。

$$WRB_T=\sum_{i=1}^{n}\ (WRB_i\times A_i) \tag{3-19}$$

式中，WRB_T为区域基础用水总量；WRB_i为区域内第 i 种作物的基础用水量；A_i为区域内第 i 种作物在灌溉农田上的种植面积；n 为区域内灌溉农田上种植的作物种类数目。

需要说明的是，作物种植面积以年为时间单位计算，统计的是播种面积。如果一种作物的生育期要跨越两个年份（如冬小麦），统计时按收获时所在年份统计。区域内灌溉农田和雨养农田并存时，只统计灌溉面积。区域内灌溉农田上种植的作物种类数目，要和有统计面积的作物种类数目一致。

如果区域内的灌溉用水总量是按单位面积表达的（即灌溉定额），则区域的基础用水总量可以通过下式转换为按单位面积表达的基础用水量。

$$WRB_u = \left[\sum_{i=1}^{n} (WRB_i \times A_i)\right] / A_T \tag{3-20}$$

式中，WRB_u为区域内以单位面积表达的基础用水量；A_T为区域内的灌溉面积。

通过上述一些方法和步骤分别计算得到农田灌溉用水总量、基础用水量和有效降水量后，即可根据式（3-6）计算一个区域的理论狭义节水潜力，这种节水潜力可以用总量或单位面积数量的形式表示。

二、广义节水潜力的确定方法

根据前面对广义节水潜力的定义可知，广义节水潜力的确定，需要建立在以下基础之上：一是考虑的区域面积不变，区域上的作物种植结构不变，即区域广义节水潜力的估算，是建立在现有灌溉面积、现有作物种植结构不变的基础之上的；二是产出的农产品总量不变，各类农产品的组成也不变；三是广义节水潜力的估算是以区域现有基础用水量为准的，能够节省下来的水量，是现有基础用水量与未来区域必需的水量（保证区域农产品总量不变所需的水量）之间的差值。

广义节水潜力是在以上 3 个基础之上，通过采取各类节水措施，能够最大可能节省下来的水量。为了计算这一潜力，应当首先确定两个数值，一个是现状条件下的基础用水量；另一个是维持现有农产品产出总量不变的情况下农业生产所必需的水量，这一水量可以称为最小用水量。有了这两个水量数值，广义节水潜力的估算方法可以用下式表示。

$$WSPB_i = WRB_i - WRM_i \tag{3-21}$$

式中，$WSPB_i$为第 i 种作物的广义节水潜力；WRB_i为第 i 种作物的基础用水量；WRM_i为第 i 种作物的最小用水量。

由此可见，估算广义节水潜力时，要首先确定基础用水量和最小用水量值。由于基础用水量的计算在前面已有详细的论述，因此这里重点讨论最小用水量的计算问题。

在前面节水潜力的定义过程中，已经有意识地将节水潜力分解为以工程措施节水为主导（包括与工程运行相关的管理措施）的狭义节水潜力和以农艺措施节水为主导（包括实施非充分灌溉的管理措施）的广义节水潜力。因此，在这里分析广义节水潜力时，基础用水量采用以作物需水量为基础的数值，而将非充分灌溉技术的节水潜力放在广义节水潜力中计算。

（一）实现广义节水潜力的两个途径

生产上目前采用的广义节水范围内的节水技术措施，其实现节水目标的途径大致可分为两大类：一类是直接减少无效水分消耗，主要措施包括局部施水（包括滴灌、隔沟灌和地下灌溉）和地面覆盖（薄膜、秸秆、沙石等）；另一类是提高作物产量，主要措施包括改进品种特性、配方施肥、合理灌溉等。但需要注意的是，这两种作用途径经常会在同一种节水技术措施上显示出来，其作用效果有时是相辅的，但有时也会相悖。例如，地膜覆盖可以明显地减少棵间蒸发量，同时也会提高地温，促进作物的生长发育，使产量明显提高。但合理施肥在明显提高产量的同时，也经常会造成作物水分消耗量一定程度的增加。因此，一项节水措施的节水作用，有时需要从两个方面来综合分析。

（二）节水技术措施直接减少无效水分消耗的潜力

在农田基础用水量中，哪些用水可以作为无效用水考虑呢？就目前相关的研究结果而言，应当说尚未取得完全一致性的认识。

农田基础用水量，按其散失途径的不同，可以分为两部分。通过作物叶片气孔腔散失到周边大气中的部分，称为蒸腾量；从土壤表面和叶片表面直接散失到大气之中的部分，称为蒸发量。目前，大多数观点认为蒸发过程与作物的生育过程没有直接的联系，因此减少这部分水量损失不会对作物生长和产量构成太多的影响，因此可以将这部分水量作为无效用水考虑[26,42]。但也有不少学者对此持保留态度，主要是认为蒸腾蒸发是两个很难决然分开的过程，蒸发量的减少，会在一定程度上改变田间小气候和区域大气环境，从而促进蒸腾过程；另外，通过人为措施减少灌溉农田的蒸发损失，从经济上可能是完全不可行的[43-45]。

在作物通过蒸腾过程用掉的那部分水量中，是否还存在减少无效用水的潜力，在这一方面的争议更大。我国部分学者认为作物的用水过程中存在明显的奢侈蒸腾问题，并据此建议使用抑蒸剂来减少蒸腾过程失水[12,46-49]。但从总体应用效果看，作为一种临时性的抗旱措施，在短期内抑制蒸腾过程，使作物免受严重的破坏还是比较可行的，但作为灌溉农田上减少用水量的一项常规措施使用，尚缺乏足够的基础，应用效果也十分的不稳定。国外在这方面也做过很多努力，包括抑蒸剂，甚至辐射反射剂，但都因为正面作用不显著或带有严重的副作用而没有得到广泛应用。因此普遍认为，作物蒸腾过程的用水应当尽可能地得到满足[40,45,50]。

近些年，随着非充分灌溉技术的发展，特别是调亏灌溉和分根交替灌溉理论的发展，开辟了一个通过人为措施调节控制作物蒸腾过程，从而减少蒸腾用水量的新途径[51-55]。但从目前的总体发展看，这些技术距实际应用还存在着一定的距离。主要原因表现在如下几个方面：第一，技术本身还不成熟，比如尚无完善的灌溉控制指标体系来指导其实施。第二，应用效果还不太稳定，在不同的时期、不同的作物，甚至不同的环境条件下使用，会产生不同的结果。第三，这些技术措施在减少蒸腾失水方面的效果还不是十分明显和确定，其节水效果有很大一部分是有效地减少了地面蒸发量，比如调亏灌溉和分根交替灌溉。第四，这些技术的实施要求具有十分严格的灌溉供水条件作保障，除了要求很好的土壤墒情监测措施外，还要求输水和配水系统有足够的快速、灵活、准确性，能够按照作物需要适时、适量地将水分输到适当的地方（或根系部位），否则很容易引起明显的产量损失。这些因素决定了这些新技术短期内还不会在通过有效的控制蒸腾过程用水方面发挥太大的作用。

通过上面的分析，也为了下面分析问题的方便，这里提出一个初步的观点（虽然有点武断），即广义节水潜力的实现，在减少田间无效水量消耗方面，完全（或主要）是通过减少棵间蒸发量来实现，主要的技术措施是实施局部灌溉和覆盖。而其他措施的节水作用，则主要是通过提高蒸腾用水向最终农产品的转化效率，即提高水分利用效率来实现。

在常规的地面灌溉条件下，在每次灌水或降水之后，地面不可避免地会有一段时间处于湿润状态，这就使得棵间蒸发变得不可避免，并且在农田基础用水量中占有相当的比重。据石家庄农业现代化研究所的田间测定[56]，冬小麦、夏玉米，大豆全生育的棵间蒸发量分别要占到总耗水量的 32.4%、32.1%和 29.5%，其中在生育前期的比例更高，可达 46%~64.9%。中国农业科学院农田灌溉研究所在测坑内测定的结果显示[57]，冬小麦、夏玉米和棉花的棵间蒸发量要分别占到田间总耗水量的 29.5%、31.0%和 28.8%，其中棉花苗期最高可达 85%。具有很大的节水空间。

在保证作物蒸腾需水的前提下，减少作物棵间蒸发的主要途径有如下几个方面。

1. 采用节水灌溉模式

在水稻上采用“浅、薄、湿、晒”等节水灌溉模式[54,58]，适当减少田间保留水层的时间，可以明显减少棵间蒸发量和深层渗漏量（注：水稻的基础用水量包括泡田用水和深层渗漏）。广西的统计数字显示，采用此模式后，与常规的浅灌相比，1992—1995 四年平均节水量为 1 226.4 m^3/hm^2，约占水稻全生育期耗水量的10%，最高值可达26.9%。

2. 采用地面覆盖

目前应用的地面覆盖减少棵间蒸发量的主要措施有薄膜覆盖和秸秆覆盖。砂石覆盖在甘肃中部的部分地区应用，但面积很小。其他化学制剂覆盖，如沥青合剂、高分子膜等，由于技术不成熟或存在严重的环境问题，可以不加考虑。地面覆盖措施中以薄膜覆盖的节水效果最好，从新疆发展起来的膜孔灌溉，不仅节水效益显著，而且能够很好地提高灌溉均匀度，已成为一项行之有效的地面灌溉新技术[59]。根据有关资料提供的数据[36,42]，采用覆盖措施减少棵间蒸发的效果汇于表3-3中。从表中可以看出，地面覆盖措施减少棵间蒸发的最大效果已经十分接近于田间实测的棵间蒸发量的比例。

3. 采用局部灌溉

局部灌溉可以有效地减少灌溉过程中土壤表面的湿润比，因此具有明显地减少土壤表面蒸发的作用。实现局部灌溉的方式目前主要有滴灌、隔沟灌和分根交替灌。据试验测定，隔沟灌（宽沟）和分根交替灌的湿润比分别只有0.6左右和0.4左右，而滴灌只有0.3~0.4[26]。以色列在保证农田作物生产需求的情况下，每公顷土地的年灌溉用水量从1949年的8 530 m^{3}下降到1989年的5 780 m^3，降低了32.2%，广泛采用滴灌技术供水可以说起到了巨大的作用[60-62]。

表3-3 地面覆盖措施减少棵间蒸发量效果

覆盖方式	作物种类	节水效果（m^3/hm^2）	占基础用水量百分比	试验地点
秸秆覆盖	春玉米	700	15	北京
	夏玉米	440~890	12.6~25.4	安阳
	冬小麦	190~930	4.2~20.7	安阳
薄膜覆盖	春小麦	190~660	4.8~16.5	兰州
	冬小麦	320	7.1	安阳
	棉花	1600	28.3	安阳

目前已有不少关于膜下滴灌的研究，将薄膜覆盖和滴灌的局部供水有机地结合起来，是最大可能减少棵间蒸发的技术措施，在我国的大棚蔬菜和大田棉花中得到较多的应用。据研究，膜下滴灌可以有效地减少棵间蒸发量，最高可以占到基础用水量的15%~20%[63-64]。

从前面的论述可知，在常规地面灌溉条件下，棵间蒸发量在农田基础用水量中占有相当的比重，为30%左右。采用水稻控制灌溉、表面覆盖及局部供水等措施，可以有效地减少棵间蒸发损失。但据资料分析[26]，棵间土壤表面蒸发损失的水分主要来源于地表10~15 cm的土层，这部分土层湿润是造成大量棵间蒸发的主要原因，因此棵间蒸发失水主要发生于降水和灌溉之后。覆盖措施虽然可以有效地减少贮存在土壤中水分的损失，但很难避免降水和灌溉过程中滞留在覆盖物之上的水分的蒸发损失。因此，综合考虑地面覆盖措施实际覆盖田面的比例（70%~80%），降水和灌溉过程中滞留在覆盖物表面水分的蒸发损失，以及覆盖物本身减少棵间蒸发的效果等因素，将通过表面覆盖措施的节水潜力设定在最大棵间蒸发量的2/3，即田间基础用水量的20%是比较合理的[65-66]。与此相对应，也将水稻田通过实施新的节水灌溉方式可能减少的水量设定为基础用水量（包括泡田和渗漏损失）的20%。

有了上述棵间蒸发节水潜力的设定，就可以认为基础用水量中有80%的水分是作物正常生长过程所必需的。其他农艺节水措施的节水作用主要是通过提高这部分水量向最终农产品的转化效率而起作用，直接的表现形式是明显提高作物产量水平。

（三）节水技术措施提高作物产量的潜力

根据前面的分析可知，在不增加水量消耗的前提下提高作物产量是广义节水潜力实现的一个重要途径。产量提高得越多，广义节水潜力实现的程度也就越高。那么，作物产量的提高有多大潜力呢？实际上，只有很好地解决了这一问题，才能准确确定广义节水的理论节水潜力。

根据生态学的观点，作物生产过程可以看作是一个整体系统。在系统功能的发挥过程中，要受到许多因子的作用，包括直接的作用和间接的作用，系统功能最终发挥的程度（表现为产量高低）是由系统中的最小限制因子所决定的[67-70]。当水分短缺时，水分是限制产量的最小因子，这时增加供水会显著增加产量。但当供水量超过一定程度后，水分对产量增加的限制解除，这时决定产量的最小因子就变成其他因素了。这一新的最小因子可能是氮素，也可能是磷素，或是钾素。生态学的观点认为，各个生态因子同等重要，并且不可替代。在一个因子表现为最小因子的时期，它就成为决定系统功能的主导因子。如果供水后表现为缺肥，那么施肥是提高系统功能的理想措施。当水、肥都充分满足后，作物的某些特性，比如抗倒伏性和抗病抗虫性有可能成为继续提高产量的主导限制因子，这时候就需要通过育种措施来改变作物的特性，或进行人工干预创造适于作物生长的环境，以满足生产发展的需要。整个农业生产体系，正是在这种生产限制因子的表现—克服—表现—克服……的循环过程中得以不断发展的。

现代科学技术的飞速发展，为农业生产过程中克服限制因子提供了雄厚的基础，例如抗倒伏性、矿质营养供给、病虫害等目前都已有了较为完善的解决途径，可以较容易地得到克服，我国及世界上农作物的产量在过去几十年间的迅速提高就是这方面的一个很好的例证[71-72]。那么，在这些过去主导制约作物生产的因素得到充分的满足和控制后，进一步限制种植业生产水平提高的因子会是什么呢？生态学的观点认为，当生态系统中人为可以控制的因素不再是限制因子后，制约农业生态系统功能发挥的将是农业生态系统中难以人为控制的一些因子，包括辐射因子和温度因子。

广义节水范围内的一些节水技术措施，包括选用适宜的作物和品种、采用适宜的种植模式、合理耕作、合理施肥、地面覆盖（增温）、合理灌溉等，主要目的都是克服或减轻农业生态系统中最小限制因子的限制作用，从而实现农产品生产的最大化。当这些人为可控因子的功能得到充分发挥后，农业生态系统的最大产出效率，即能达到的最高产量就可以认为是节水技术措施提高作物产量的最大潜势值。这些潜势值的大小是受当地的光照条件和温度条件控制的，称为光温潜力。

在现代农业生产中，人们已经开始通过控制农业生态系统中过去难以人为控制的光温因子，从而实现农业生态系统产出效率的新突破[73-74]。现代温室生产技术已经能够对自然生态系统中的主要限制因子—温度和光照—进行完全的控制，从而使农业生态系统的物质循环进入了一个新的层次，也使光温潜力有了质的突破。但这种情况估计很难在短期内成为我国农业生产，特别是粮食作物生产的重要组成部分，故而这里的分析暂不考虑人工生态环境中的节水潜力问题。

根据研究，一个地区的作物在水分不是限制因子的情况下，由光照和温度条件决定的生产潜力可以通过下式计算[75-76]。

$$YD_T = YD_P \times f(T) \tag{3-22}$$

式中，YD_T为作物的光热生产潜力（kg/hm^2）；YD_P为作物的光合生产潜力（kg/hm^2）；$f(T)$ 为热量调节因子。

在西北地区，YD_P可用下式计算。

$$YD_P = \frac{100\ 000}{1\ 000C(1-N)} \sum_{j=1}^{n} Q_j \varepsilon E \frac{L_j}{L} F = 274.366 \frac{E}{L} \sum_{j=1}^{n} Q_j L_J \tag{3-23}$$

式中，Q_j为第 j 个生长时段太阳总辐射（MJ/m^2）；ε 为生理辐射占总辐射的比值，取 $\varepsilon=0.42$；E 为经济系数，即经济产量占生物产量的比例；F 为作物生长盛期生理辐射能的最大利用率，取 $F=10\%$；C 为能量转换系数，谷类作物取17 800 J/g；N 为植物干物质中矿物质和水分的含量，取14%；L_j为作物第 j 个生长时段的群体叶面积指数；L 为该作物理想群体的最大叶面积指数；100 000和1 000分别为单位换算系数。

热量调节因子 f（T）可用下式计算。

$$f(T)=P_j(1-R_j) \tag{3-24}$$

$$P_j=\begin{cases}0 & t_j+t_{Dj}<1 \\ \sin K(t_j+t_{Dj}-T_1) & T_1<t_j+t_{Dj}<T_2\end{cases} \tag{3-25}$$

$$R_j=0.035+0.027e^{0.089(t_j+t_{nj})} \tag{3-26}$$

式中，P_j和 R_j分别为第 j 个生长时段的相对光合速率和相对呼吸损耗率；K 为调整系数，喜凉作物取4.5，喜温作物取3.6；T_1和 T_2分别为作物光合作用的最低温度和最高温度，分别取值0~5 ℃和40~50 ℃；t_j为作物第 j 个生长阶段的平均气温（℃）。

t_{Dj}和 t_{Nj}分别为该时段白天平均气温和夜间平均气温与日平均气温的差值（℃），分别用下式计算。

$$t_{Dj}=\frac{1}{2}(t_{Gj}-t_j) \tag{3-27}$$

$$t_{Nj}=\frac{1}{2}(t_{Mj}-t_j) \tag{3-28}$$

式中，t_{Gj}和 t_{Mj}分别为该时段的平均最高气温和平均最低气温（℃）。

（四）区域广义节水潜力的估算

由于不同作物的光温生产潜力具有很大的差异，所以广义节水潜力的估算需要分作物独立进行。

1. 单一作物广义节水潜力的估算

假定区域内第 i 种作物的光温生产潜力为 YD_{Ti}，那么在广义节水潜力全部实现后，该种作物每消耗单位水量可生产的农产品数量可用下式计算。

$$WUE_{Ti}=YD_{Ti}/(0.8WRB_i) \tag{3-29}$$

式中，WUE_{Ti}为第 i 种作物的总水分利用效率；WRB_i为第 i 种作物的基础用水量。

到广义节水潜力全部实现时，在单位土地面积上生产与现有水平一样多的农产品（YD_{pi}），所需要的最小水量为：

$$WRM_i = YD_{pi}/WUE_{Ti} = 0.8 \times WRB_i \times YD_{pi}/YD_{Ti} \quad (3-30)$$

式中，WRM_i为第 i 种作物的最小用水量；YD_{pi}为 第 i 种作物当前的单位面积产量。

需要说明的是，计算得到的 WRM_i值不应小于该种作物生育期有效降水量的总和 PE_i，如果出现这种情况，则令 $WRM_i = PE_i$。这种情况表明仅靠提高该地降水的利用效率就可满足水分需求。

将式（3-30）代入式（3-21），可以得到计算第 i 种作物单位面积广义节水潜力的方程如下。

$$WSPB_{ui} = WRB_i\ (1-0.8 \times YD_{pi}/YD_{Ti}) \quad (3-31)$$

以此为基础，区域上第 i 种作物的广义节水潜力可用下式计算。

$$WSPB_i = WRB_i\ (1-0.8 \times YD_{pi}/YD_{Ti}) \times A_i \quad (3-32)$$

式中，A_i为第 i 种作物的现状播种面积。

2. 区域水平的广义节水潜力计算

在计算确定了区域内各种作物的广义节水潜力后，区域水平的广义节水潜力通过汇总这些数值即可确定下来，计算公式为：

$$WSPB = \sum_{i=1}^{n} WRB_i\ (1-0.8YD_{pi}/YD_{Tj}) \times A_i \quad (3-33)$$

式中，n 为区域内考虑的作物种类数目，其他项意义同前。

三、理论节水潜力的确定

在计算确定了区域的理论狭义节水潜力和理论广义节水潜力后，区域的理论总节水潜力可以通过下式计算。

$$WSPT = WSPN + WSPB \quad (3-34)$$

式中，WSPN、WSPB 和 WSPT 分别代表区域的狭义节水潜力，广义节水潜力和总节水潜力。

四、可实现节水潜力的估算方法

以上估计的是区域内各类节水潜力的最大值，或称理论节水潜力。要使这些潜力变为现实，就需要满足理论节水潜力计算时所设定的条件。比如输水过程中没有水分损失，配水过程中没有地表径流和深层渗漏，棵间蒸发得到最大可能的控制，作物生产过程中没有受到光热资源以外的其他因子限制等。应当说，理论节水潜力不是不可以实现的，至少可以非常的接近它。只是限于目前的经济条件，技术条件或是投入产出方面的考虑，在现阶段还无法使这些潜力实现。随着相关制约因子的不断改善，这些节水潜力会不断得到实现。

在理论节水潜力中，通过一定的投入和一些节水措施的实施，使制约用水过程效率提高的因子得到一定程度的改善，从而使其变为现实的节水效果的那部分水量，称为可实现节水潜力。通过这一定义即可知道，可实现节水潜力是针对具体的节水行动而言的，可实现节水潜力的大小，不仅决定于采取什么样的技术措施，更重要的是这种技术措施能够在多大的面积上实施。下面概要性地给出可实现狭义节水潜力和可实现广义节水潜力的估算方法。

（一）可实现狭义节水潜力的估算方法

在前面分析狭义节水潜力确定方法时，曾经定义了基础用水量的概念，认为它是目前条件下维持灌溉农田作物正常生长发育所必须消耗的水量。基础用水量减去有效降水量后，得出的数值称为灌溉需水量（不考虑盐碱和地下水利用问题），因此可以认为这是维持作物正常生长必须通过灌溉系统补充供应的水量。进一步推论，可以认为目前的区域总灌溉用水量（TQI_T）是为了把这一“灌溉需水量”供给作物，在目前的输配水和管理条件下需要从水源处调用的水量。有了这些稍带武断性的基础，即可通过下式计算出目前条件下区域内输配水系统的供水效率。

$$\eta_{P总}=\sum_{i=1}^{n}(WRB_i-PE_i)\times A_i/TQI_T \tag{3-35}$$

假设一个区域的总灌溉面积为 A_T，某项节水技术措施的实施，使水分的利用效率由当前的 $\eta_{p总}$ 提高到了 η_r，该项技术措施的实际作用面积为 A_r，那么由此可实现的节水潜力可用下式计算：

$$WSPN_r=\overline{WRI_u}\times A_r/\left(\frac{1}{\eta_{P总}}-\frac{1}{\eta_r}\right) \tag{3-36}$$

式中，$WSPN_r$ 为可实现的狭义节水潜力；$\overline{WRI_u}$ 为区域内平均单位面积灌溉需水量。

WRI_U 用下式计算。

$$\overline{WRI_u}=\sum_{i=1}^{n}(WRI_i\times A_i)/A_T \tag{3-37}$$

（二）可实现广义节水潜力的估算方法

可实现广义节水潜力的估算方法，根据具体节水技术措施节水效果体现方式的不同而分为如下两种。

1. 直接减少棵间蒸发损失

某一节水技术措施具有直接减少作物棵间蒸发量的作用，在某一地区应用后，如果应用效果表示为可使作物棵间蒸发量平均减少的百分比（表示为 $sp\%$），并且在一个区域内推广应用的总面积为 A_r，那么因这项节水技术的实施可以实现的广义节水潜力可用下式计算。

$$WSPB_r = \frac{sp}{100}\sum_{i=1}^{n} 0.2WRB_i \times A_{ri} \tag{3-38}$$

式中，$WSPB_r$为可实现的广义节水潜力；WRB_i为受该种节水措施作用的第 i 种作物的基础用水量；A_{ri}为受该种节水措施作用的第 i 种作物的种植面积。

其中，对 A_{ri}有如下约束：

$$\sum_{i=1}^{n} A_{ri} = A_r \tag{3-39}$$

式中，n 为受该种节水措施作用的作物种类。

在同样的条件下，如果应用效果表示为可使作物棵间蒸发量减少的绝对数值（mm/hm^2或 m^3/hm^2，表示为 m），那么因该项节水技术的实施可以实现的广义节水潜力可用下式计算。

$$WSPB_r = \sum_{i=1}^{n} m_i \times A_{ri} \tag{3-40}$$

式中，$WSPB_r$为可实现的广义节水潜力；m_i为该种节水措施在第 i 种作物上的应用效果；A_{ri}为受该种节水措施作用的第 i 种作物的种植面积。

其中，对 A_{ri}的约束与式（3-39）相同。

2. 提高单位面积产量

节水技术措施在提高产量上的作用建议表示为可使某种作物的单位面积产量提高的百分数（表示为 $yp_i\%$）。与上面的假设相同，某种技术措施作物用第 I 种作物的面积为 A_{ri}，那么因这项节水技术的实施可以实现的广义节水潜力可用下式计算：

$$WSPB_r = \sum_{i=1}^{n} 0.8WRB_i \times YP_i / (100 + YP_i) \times A_{ri} \tag{3-41}$$

式中，$WSPB_r$为可实现的广义节水潜力；WRB_i为第 i 种作物的基础用水量；A_{ri}为受该种节水措施作用的第 i 种作物的种植面积。

其中对 A_{ri}的约束与式（3-39）相同。

（三）可实现节水潜力总量的计算

逐项确定区域内采用的节水技术措施的节水潜力后，再将这些节水潜力进行累加，即可确定一个区域内的可实现节水潜力总量，如下式所示。

$$WSP_{rT}=\sum_{i=1}^{n}WSPN_{ri}+\sum_{j}^{m}WSPB_{rj} \tag{3-42}$$

式中，WSP_{rT}为区域可实现节水潜力总量；$WSPN_{ri}$为区域内采用的第 i 项狭义节水技术措施的可实现节水潜力值；$WSPB_{rj}$为区域内采用的第 j 项广义节水技术措施的可实现节水潜力值。

主要参考文献

[1] 王浩. 西北生态建设的水资源保障条件［M］//水利部农村水利司. 农业节水探索. 北京：中国水利水电出版社，2001：77-82.

[2] 黄修桥. 节水灌溉与农业的可持续发展［M］//水利部农村水利司. 农业节水探索. 北京：中国水利水电出版社，2001：181-185.

[3] 周卫平. 国外灌溉节水技术的进展及其启示［J］. 节水灌溉，1997(4)：65-68.

[4] 李光永. 以色列农业高效用水技术［J］. 节水灌溉，1998(3)：74-77.

[5] 段爱旺，张寄阳. 中国灌溉农田粮食作物水分利用效率的研究［J］. 农业工程学报，2000(4)：41-44.

[6] 吴景社，黄宝全. 谈谈我国灌溉科技总体水平与世界先进水平的差距［J］. 节水灌溉，1998：69-73.

[7] Council for Agricultural Science and Technology, Effective Use of Water in Irrigated Agriculture [R]. 1988.

[8] Soil Conservation Service of United States Department of Agriculture. Irrigation Water Requirements [R]. Part 623 of National Engineering Handbook, 1993.

[9] 贾大林. 节水农业是提高用水有效性的农业［J］. 农村水利与小水电，1995(1)：5-6.

[10] 山仑，张岁岐. 节水农业及其生物学基础［M］//科学技术部农村与社会发展司. 中国节水农业问题论文集. 北京：中国水利水电出版社，1999：30-41.

[11] 陈大雕. 我国节水灌溉技术推广与发展状况综述［J］. 节水灌溉，1998：27-32.

[12] 贾大林. 农业高效用水及农艺节水技术［M］//水利部农村水利司. 农业节水探索. 北京：中国水利水电出版社，2001：170-176.

[13] 段爱旺. 灌溉需水量［M］//水利部国际合作司. 美国国家灌溉工程手册. 北京：中国水利水电出版社，1998.

[14] 段爱旺. 作物水分利用效率的内涵及确定方法 [M] //中国农业工程学会农业水土工程专业委员会. 农业高效用水与水土环境保护. 西安：陕西科学技术出版社，127-131.

[15] 陶毓汾，王立祥，韩仕峰，等. 中国北方旱农地区水分生产潜力及开发 [M]. 北京：气象出版社，1993.

[16] 刘正祥，周济人. 平原自流灌区衬砌防渗渠道与低压管道输水技术的比较 [J]. 中国农村水利水电，1997（增刊）：161-162.

[17] 宋伟，王玉坤，赵拥军. 河北省发展低压管道输水技术效益显著 [M] //水利部农村水利司. 节水灌溉. 北京：中国农业出版社，1998.

[18] 钱蕴壁，李益农. 地面灌水技术的评价与节水潜力 [M] //匡尚富，高占义，许迪. 农业高效用水灌排技术应用研究. 北京：中国农业出版社，2001：95-101.

[19] 雷声隆，高峰. 管理节水潜力与途径试探 [J]. 灌溉排水，1999（增刊）：200-204.

[20] 粟晓玲，邢大伟，刘明云，等. 泾惠渠灌区节水灌溉潜力与水资源可持续利用对策 [M] //吴普特. 中国西北地区水资源开发战略与利用技术. 北京：中国水利水电出版社，2001：187-193.

[21] 孟冲，武朝宝，贾云茂，等. 汾河灌区节水潜力与节水农业研究 [M] //中国农业工程学会农业水土工程专业委员会. 农业水土工程科学. 呼和浩特：内蒙古教育出版社，2001.

[22] 张岳主. 中国水资源与可持续发展 [M]. 南宁：广西科学技术出版社，2000.

[23] DOORENBOS J, PRUITT W O. Guidelines for predicting crop water requirements [C] //Food and Agricultural organization of the United Nations. Irrigation and Drainage Paper, Rome, Italy, 1997.

[24] 陈玉民，郭国双，王广兴，等. 中国主要作物需水量与灌溉 [M]. 北京：水利电力出版社，1995.

[25] 傅国斌，于静洁，刘昌明，等. 灌区节水潜力估算的方法及应用 [J]. 灌溉排水，2001（2）：24-28.

[26] ALLEN R G, PEREIRA L S, RAES D, et al. Crop Evapotranspiration—Guidelines for computing crop water requirements [R]. FAO Irrigation and Drainage Paper 56, 1998.

[27] 许迪，刘钰. 测定和估算田间作物腾发量方法研究综述 [J]. 灌溉排

水，1997（4）：56-61.
[28] JENSEN M E，BURMAN R D，ALLEN R G. Evapotranspiration and irrigation water requirements [R]. ASCE Manuals and Reports on Engineering Practices No. 70. New York：American Society-civil Engrs，1990.
[29] 刘钰，蔡林根. 参考作物需水量的新定义及计算方法对比 [J]. 水利学报，1997（6）：7.
[30] 龚元石 . Penmann-Monteith 公式与 FAO-PPP-17Penman 修正式计算参考作物腾发量的比较 [J]. 北京农业大学学报，1995（1）：68-75.
[31] 陈玉民，郭国双. 中国主要农作物需水量等值线图研究 [M]. 北京：中国农业科学技术出版社，1993.
[32] ALLEN R G，SMITH M，PRUITT W O，et al. Modifications to the FAO crop coefficient approach [M] //CAMP C R，SADLER E J，YODER R E. Evapotranspiration and Irrigation Scheduling，ASAE，St. Joseph，1996：124-132.
[33] WRIGHT J L. New evapotranspiration crop coefficient [J]. J. Irrig. Drainage Div. 1982（108）：57-74.
[34] SMITH M，SEGEREN A，SANTOS PEREIRA L，et al. Report on the Expert Consultation on Procedures for Revision of FAO Guidelines for Prediction of Crop Water Requirements [C]. Rome，Italy，1990：28-31.
[35] ALLEN R G，SMITH M，PERRIER A，et al. An update for the definition of reference evapotranspiration [J]. ICID Bulletin，1994，43（2）：1-34.
[36] 武汉大学. “九五”国家攻关专题“灌溉系统配水关键技术研究”子专题“灌区动态配水技术”（95-006-02-05-02）研究报告 [R]. 2000.
[37] 农田灌溉研究所. 水利部南水北调局项目“北方地区主要农作物灌溉用水定额的研究”研究报告 [R]. 2000.
[38] 崔远来. 非充分灌溉优化配水技术研究综述 [J]. 灌溉排水，2000（1）：66-70.
[39] 袁宏源，刘肇伟. 高产省水灌溉制度优化模型研究 [J]. 水利学报，1990（10）：1-7.
[40] 王玉坤. 冬小麦经济灌溉定额分析 [J]. 水利学报，1989（2）：46-52.
[41] TANJI K K，YARON B. Management of Water Use in Agriculture [M]. Berlin：Springer-Verlag，1994.
[42] DOOREMBOS J，KASSAM A H，BENTWELDER C，et al. Yield response to water [R]. FAO Irrigation and Drainage Paper 33，FAO，Rome，1978.

[43] 沈振荣. 节水新概念—真实节水的研究与应用 [M]. 北京：中国水利水电出版社，2000.

[44] Council for Agricultural Science and Technology (CAST). Effective use of water in irrigated agriculture [J]. Arid Land Irrigation in Developing Countries, 1977：9-17.

[45] BARKER R, MOLDEN D. Water Saving Irrigation for Paddy Rice：Perceptions and Misperceptions [C]. International Symposium on Water Saving Irrigation for Paddy Rice, Beijing, China, 1999：54-64.

[46] JR H, PRUITT W O, et al. Crop - water production functions [J]. Advances in Irrigation, 1983 (2)：61-97.

[47] 赵聚宝. 干旱与农业 [M]. 北京：中国农业出版社，1995.

[48] 水利部中国农科院农田灌溉研究所. “九五” 国家攻关专题 “节水灌溉与农艺节水技术” (96-06-02-03) 研究报告 [R]. 2000.

[49] 甘吉生，朱遐龄. 抑制蒸腾剂的节水机理及应用技术研究验收评价报告 [J]. 腐植酸，1996 (4)：18-30，8.

[50] 朱遐龄，甘吉生，王雁. 冬小麦冬灌、秸秆覆盖、后期喷生长剂的节水增产效果 [J]. 灌溉排水，1994 (1)：21-24.

[51] PAUL J K, JOHN S B. Water Relations of Plants and Soils [M]. Academic Press Inc, 1995.

[52] 陈亚新，康绍忠. 非充分灌溉原理 [M]. 北京：水利电力出版社，1995.

[53] 康绍忠，张建华，梁宗锁，等. 控制性交替灌溉———种新的农田节水调控思路 [J]. 干旱地区农业研究，1997 (1)：4-9.

[54] 曾德超，彼得·杰里. 果树调亏灌溉密植节水增产技术的研究与开发 [M]. 北京：北京农业大学出版社，1994.

[55] 彭世彰，俞双恩，张汉松，等. 水稻节水灌溉技术 [M]. 北京：中国水利水电出版社，1998.

[56] 康绍忠. 西北地区农业节水与水资源持续利用 [M]. 北京：中国农业出版社，1999.

[57] 张喜英，刘昌明. 华北平原农田节水途径分析 [M] //石元春，刘昌明，龚元石. 节水农业应用基础研究进展. 北京：中国农业出版社，1995：156-163.

[58] 农田灌溉研究所. 水利水电科学基金项目 “作物耗水量及耗水量预报模型研究” 研究报告 [R]. 1988.

[59] 吴锡瑾，高时端. 广西千万亩水稻节水灌溉技术开发的意义及效益 [J]. 中国农村水利水电，1996 (11)：4.
[60] 米孟恩. 膜上灌节水技术 [J]. 节水灌溉，1998 (2)：5.
[61] G. 斯坦黑尔. 以色列的灌溉——过去的成就，现在的挑战，未来的展望 [M] //许越先，刘昌明，沙和伟. 农业用水有效性研究. 北京：科学出版社，1992.
[62] KELLER J，BLIESNER R D. Sprinkler and trickle irrigation [M]. New York：Van Nostrand Reinholt，1990.
[63] NAKAYAMA F S，BUCKS D A. Trickle irrigation for crop production：design，operation and management [M]. Amsterdam：Elsevier，1986.
[64] 余渝，周小凤，邓福军. 试论实现新疆棉花高产优质高效的途径 [J]. 农业科技通讯，2000 (8)：10-11.
[65] 农八师 144 团膜下滴灌技术应用效益明显 [R]. 西部大开发塑料论坛会议简报，2002.
[66] MASSEHY F C，SKAGGS R W，SNEED R E. Energy and water requirements for sub-irrigation versus sprinkler irrigation [J]. Trans. ASAE，1983，26 (1)：126-133.
[67] TECLE A，YITAYEW M. Preference ranking of alternative irrigation technologies via a multicriterion decision-making procedure [J]. Trans. ASAE，1990，33 (5)：1509-1517.
[68] 王留芳. 农业生态学 [M]. 西安：陕西科学技术出版社，1994.
[69] SINCLAIR T R，TANNER C B，BENNETT J M. Water use efficiency in crop production [J]. Biol. Sci.，1983 (34)：36-40.
[70] GARDNER W R，GARDNER H R. Principles of water management under drought conditions [J]. Agricultural Water Management，1983 (7)：143-155.
[71] GREB B W，1979. Reducing drought effects on croplands in the West Central Great Plains [J]. Soil Sciences，1979：1-30.
[72] BARROW C. Water resources and agricultural development in the tropics [M]. New York：John Wiley & Sons，1987.
[73] STANHILL G. Irrigation in Israel：Post achievements，present challenges and future prospects [M]. Iarael：Priel Publishers，1992：63-67.
[74] LONGUENESSE J J. International Workshop on Greenhouse Crop Models，

Acta Horticulture [C]. Saumane, France, 1993: 228.

[75] TAKAKURA T, JORDAN K A, BOYD L L. Dynamic simulation of plant growth and environment in the greenhouse [J]. Trans. ASAE, 1971 (15): 964-971.

[76] 信乃诠，王立祥. 中国北方旱区农业 [M]. 南京：江苏科学技术出版社，1998.

[77] 将骏，王立祥. 西北黄土高原旱地作物生产潜力估算公式的研究——以冬小麦为例 [J]. 干旱地区农业研究，1990 (2): 46-54.

第四章　西北地区灌溉农业的节水潜力

这里所指的西北地区西起新疆帕米尔高原国境线，东至内蒙古锡林郭勒盟与兴安盟交界处，北到中蒙国境线，南至长江黄河分水岭。区域范围包括新疆、宁夏的全部，内蒙古、西藏、青海、甘肃、陕西的黄河流域及内陆河流域地区；东西长约 3 800 km，南北宽约 2 100 km，土地总面积 341. 4 万 km^2，占全国总面积的 35. 6%。根据 2000 年的统计数据计算，区域内总人口为 0. 92 亿人，约占全国总人口的 7. 3%[1]；全区耕地面积为 2. 71 亿亩，占全国的 14%，农田有效灌溉面积 1. 07 亿亩，占全国的 13. 9%。

第一节　西北地区的气候条件及农业生产概况

一、西北地区的气候条件

（一）降水条件

西北地区除六盘山以东地区受太平洋副热带高压控制为大陆性季风气候外，其他大部分地区由于深居欧亚大陆的腹地，气候主要受内蒙古高压和大陆气团控制，为典型的内陆性气候。干燥少雨、蒸发强烈、多风多沙是气候的总体特征。区域内平均年降水量总体上呈现从南到北、从东西两端向中部逐步减少的趋势，见图 4-1。年降水量在陕西的中部可达 600~700 mm，而在青海格尔木，内蒙古额济纳旗，甘肃敦煌，新疆吐鲁番、莎车、和田和且末等点围成的范围内，降水量要小于 50 mm。此区域向新疆西北部地区扩展，降水量又有所增加，至乌鲁木齐和塔城一带可达 250~300 mm。

（二）需水状况

为了更好地与作物生产相结合，此处采用多年平均 ET_0值分析西北地区的

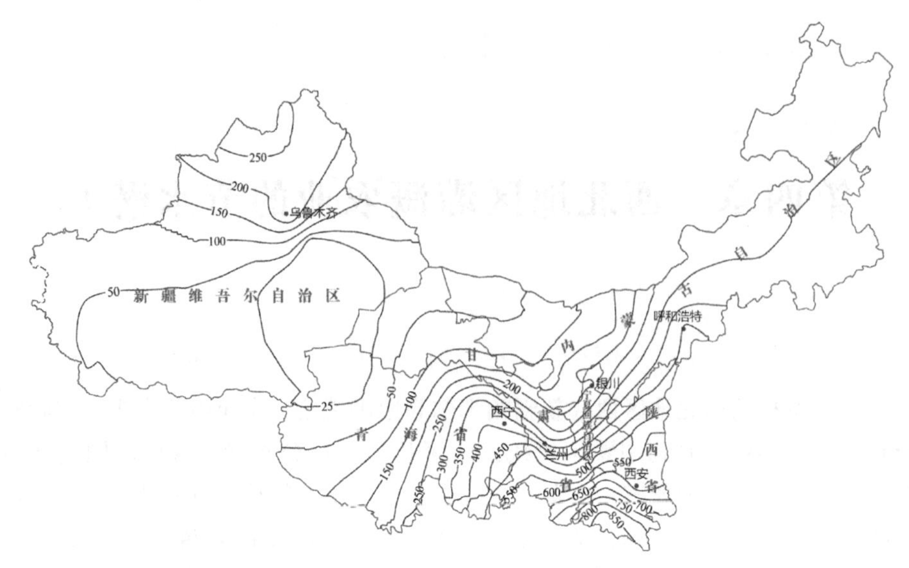

审图号：GS 京（2023）0267 号

图 4-1　西北地区多年平均年降水量分布

需水状况。参考作物需水量值（ET_0）是由气候条件所决定的蒸发潜势值[2]，代表的是在当地气候条件下正常生长发育的无限广阔草地的需水状况，因此用它表示的结果能够更好地体现作物生产和植被建设对水分的需求状况[3-4]。

图 4-2 显示，西北地区的参考作物需水量呈现东南最低、西北次低、从这两个区域向中间方向发展不断增加的总体趋势。最低值出现在陕西西安、宝鸡，甘肃天水、临夏和青海刚察、同德一线，为 850 mm 左右。而新疆塔城、石河子一带的次低值区，ET_0在 1 000 mm 左右。在这两个地带向中间不断增加的过程中，形成了两个高值区。第一高值区以内蒙古额济纳旗为中心，可扩展到新疆吐鲁番、甘肃玉门、内蒙古阿拉善右旗一带，ET_0在 1 400 mm 左右。次高值区为塔里木盆地周边地区，ET_0约 1 300 mm。

（三）需水量与降水量的比率

在西北地区，参考作物需水量的分布和降水量的分布趋势相反，在降水量多的地区，ET_0一般要低；而降水量少的地区，正是 ET_0的高值区。这种降水和需水相反的分布模式，在很大程度上加重了西北许多地区的干旱程度。图 4-3 显示的是西北地区 ET_0与降水量比率的分布情况，这一比率的含义与常用的干旱指数十分相似[5-6]。

西北地区需水量与降水量比率的分布趋势与 ET_0的分布规律大致相同。最

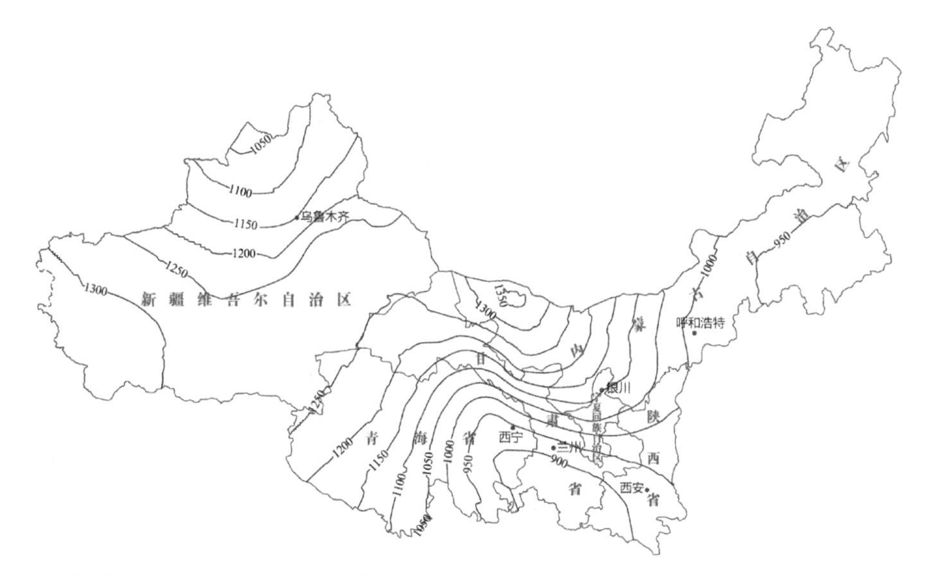

审图号：GS 京（2023）0267 号

图 4-2　西北地区多年平均年 ET_0 分布

审图号：GS 京（2023）0267 号

图 4-3　西北地区年 ET_0 与年降水量比例分布

低值出现在从陕西延安，经甘肃平凉、陕西宝鸡、甘肃天水、临夏，至青海同德一线，为 1.5~2.0。沿这一线向西、向北方向发展，比例不断增加。出现在西北部的次低值区，在新疆塔城地区为 3.0~4.0，之后向东南方向不断增加。该比率的最高值出现在新疆的吐鲁番市，可达 90 以上。由吐鲁番开始，向东至内蒙古的额济纳旗，向南包括塔里木盆地的周边地区，形成一个大的高值区域，ET_0与降水量的比率为 30~50。

(四) 热量条件

依据温度条件的不同，西北地区从北到南大致可以划分为 3 个大的区域。一是中温带区，包括内蒙古和宁夏的全部，陕西北部的榆林地区，以及新疆哈密至乌鲁木齐一线以北地区，区内年≥10 ℃积温 3 000~4 000 ℃。二是暖温带区，包括陕西关中地区和延安市，甘肃的河西走廊地区，以及新疆哈密至乌鲁木齐一线以南地区，区内年≥10 ℃积温 3 500~5 000 ℃。三是高原寒温带和高原亚寒温带，包括青海的全部和甘肃的甘南地区，区内年≥10 ℃积温在 1 000~3 500 ℃。

(五) 辐射条件

由于气候受内蒙古高压和大陆气团控制为主，所以西北地区的辐射条件普遍好于我国东部平原及沿海地区。表 4-1 是相近纬度上从东向西几个站点的年平均日照时数和年辐射总量。可以看出，西北地区的辐射条件要明显好于东部地区，以北京为基础，巴楚、酒泉、东胜的年日照时数要分别增加 5.2%、11.6%和 13.6%，年短波辐射则分别增加 3.6%、6.6%和 7.7%。良好的光温条件是西部地区农业发展的重要优势之一。

表 4-1 相同纬度上不同地区代表点的光照条件

代表点	经度 (°N)	纬度 (°E)	海拔 (m)	日照时数 (h/a)	短波辐射 [MJ / (m^2 · a)]
新疆巴楚	78.56	39.80	1 117.4	2 859.1	4 581.4
甘肃酒泉	98.62	39.77	1 478.2	3 031.1	4 714.1
内蒙古东胜	109.98	39.83	1 459.0	3 087.9	4 764.7
北京	116.28	39.93	54.7	2 717.2	4 424.0
辽宁丹东	124.33	40.05	13.9	2 513.2	4 208.9

二、西北地区的农业生产现状

(一) 农业气候区划

西北地区处于北纬 34°~50°、东经 70°~120°的范围内。区内的农牧业生产大致可以划分为4个主要区域[7-8]。

1. 干旱中温带区

包括内蒙古的中部和西部、陕西北部的渝林地区、甘肃东部的部分地区，以及新疆北疆的大部分地区。区内自然景观包括典型草原、荒漠草原和荒漠，土壤以棕钙土为主，农作制度以一年一熟为主。

在此区域的最东边，包括呼和浩特、集宁和锡林浩特的部分地区，以及最西边的北疆西北山地区，年降水量大于250 mm，应划归半干旱中温带区。

2. 干旱暖温带区

包括甘肃的河西走廊地区和新疆哈密至乌鲁木齐一线以南地区。天然景观以荒漠和灌丛为主，土壤多为棕漠土。农作物制度包括三年两熟和一年两熟。

3. 半湿润暖温带区

包括陕西的关中地区、延安市的大部分，以及甘肃东部的大部分地区。典型天然植被类型为落叶阔叶林，土壤以棕壤为主。农作物制度区内南部以一年两熟为主，北部以两年三熟为主。

4. 高原寒温带区

包括青海省的全部和甘肃省的甘南地区。依据降水量的多少，此区又分为两个部分。一是东部的半干旱高原寒温带区，包括青海的东部及甘肃的南部地区。天然植被为山地针叶林，土壤以山地森林土为主，农作制度为一年一熟。二是西部的干旱高原寒温带区，主要为柴达木盆地区域，景观以荒漠为主，农作制度为一年一熟。

（二）耕地、粮食生产和人均国民生产总值

表4-2是根据2000年统计数据汇总的西北各省区总耕地面积、人均耕地面积和耕地复种情况[9-10]。数据显示，西北地区的人均耕地数要远远高于全国平均水平，包括人均灌溉面积数。在总耕地中，灌溉面积所占比例，除了新疆的78.2%远高于全国平均值外，其他各省区大都在30%左右，低于全国平均水平。此外，西北地区的复种指数平均只有80.14%，也远低于全国平均的120.28%。

西北地区的雨养农田主要分布在东部的半湿润温暖带区，以及散布在内蒙古中部、新疆西北部、青海东部和甘肃南部的半干旱地区。灌溉农田则主要分布在黄河流域和境内众多的内陆河流域。

表4-3是根据2000年统计资料汇总的西北地区粮食生产和人均GDP状况[1]。从表中可以看出，除新疆以外，西北地区各省的粮食播面单产都要明

显低于全国平均水平。但由于西北地区人均耕地面积比全国平均值将近高1倍，所以人均粮食产量已与全国平均水平十分接近，基本实现了粮食自给。从人均GDP数据看，内蒙古要高于全国平均水平，新疆和全国水平接近，其他省区则明显低于全国平均值。

表 4-2 西北各省区耕地基本状况

地区	耕地面积（$\times10^8$亿亩）	人均耕地面积（亩）	人均灌溉面积（亩）	灌溉面积占耕地面积的比例（%）	复种指数（%）
内蒙古	0.54	4.81	1.59	33.0	72.11
陕西	0.63	2.26	0.59	26.1	88.61
甘肃	0.66	2.91	0.72	24.8	74.43
青海	0.10	2.06	0.76	36.7	80.47
宁夏	0.19	3.50	1.11	31.6	80.12
新疆	0.60	2.98	2.33	78.2	85.09
西北地区	2.71	2.95	1.16	39.4	80.14
全国	19.51	1.54	0.65	42.3	120.28

注：全国耕地面积为1996年全国农业普查数。

表 4-3 西北各省区粮食生产及经济状况

地区	粮食播面单产（kg/亩）	人均粮食产量（kg）	人均GDP（元/人）
内蒙古	186.7	427	7 765
陕西	190.0	319	4 875
甘肃	170.0	282	4 048
青海	170.9	166	5 255
宁夏	208.7	540	4 355
新疆	355.9	398	6 925
西北地区	213.7	345	5 461
全国	284.1	365	7 063

第二节　西部地区水资源及农业用水现状

一、西北地区水资源开发利用状况

（一）西北地区的水资源状况

表 4-4 是根据 2000 年统计数据汇总的西北地区水资源状况。按表中数据计算，西北地区人均水资源量占全国平均值的 81.2%，耕地亩均水资源量占全国的 42.4%。

表 4-4　西北地区 2000 年水资源状况

省份	区域	水资源总量（10^8 m^3）	亩均水资源量（m^3）	人均水资源量（m^3）
内蒙古	合计	118.67	221	1 062
	黄河流域	56.68	176	699
	内陆河流域	61.99	289	2 024
陕西	黄河流域	123.74	197	447
甘肃	合计	173.61	265	771
	黄河流域	132.67	253	738
	内陆河流域	40.94	313	897
青海	合计	343.55	3 432	7 069
	黄河流域	209.75	2 440	4 822
	内陆河流域	133.80	9 476	26 021
宁夏	黄河流域	11.72	62	216
新疆	内陆河流域	859.15	1 437	4 281
西北地区		1 630.44	602	1 777
全国		27 701.00	1 421	2 188

受气候特性和区域内多变地形地貌特征的影响，西北地区的水资源表现出很强的时空分布不均匀性。这种不均匀性主要表现在两个方面，一是降水的季节性分布不均匀，二是不同区域的降水存在很大的差异。图 4-4 显示的是西北地区几个省会（首府）城市的各月降水量占全年降水量的比例。可以看到，除新疆乌鲁木齐的年降水量在春季比较多外，其他地区的降水都主要集中在

夏、秋季，其中7、8、9三个月的降水量要占到总降水量的60%以上。降水的过度集中造成水资源需求与利用季节上的不协调，使得西北地区春季灌溉需水（约占总需求的35%）缺口很大。

图4-1已经显示了西北地区降水量的空间差异性。由于降水量的巨大差异，使得西北地区不同区域的平均径流深度也有较大的差异。西北地区的高产流区多位于高山与盆地边缘，而广大的平原地区多为少产流区或不产流区，水资源与土地资源的匹配性较差。

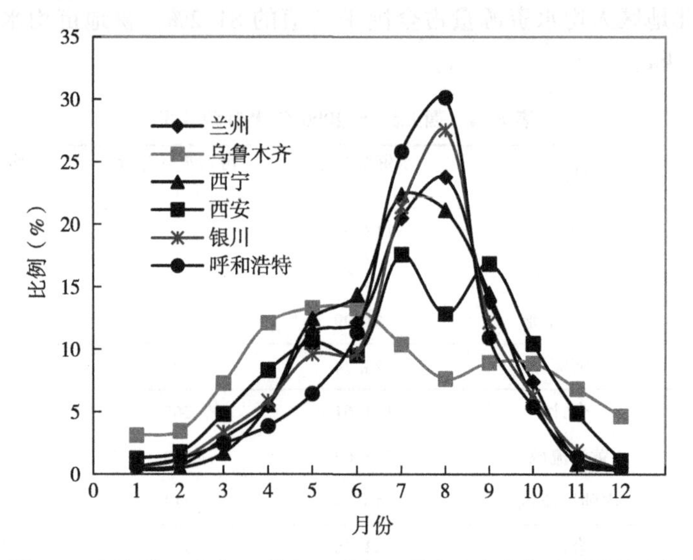

图4-4 西北若干省会（首府）城市逐月降水占全年降水量的比例

正是由于降水的季节性强和水土资源空间上的不匹配，使得西北地区的水资源开发难度相对较大。因此，尽管西北地区的人均水资源总量并不少，但农业生产中季节性缺水和区域性缺水现象仍十分严重，是制约农业生产持续稳定发展的最重要因子。

（二）西北地区的水资源利用状况

开发利用水资源发展灌溉农业，在西北地区具有非常悠久的历史。建于陕西关中地区的龙首渠和郑白渠，可以远溯到秦汉时期。分布于新疆吐鲁番和哈密一带的坎儿井，在我国灌溉技术的发展中具有重要的地位[1,11]。但是，西北地区真正大规模的水资源开发利用是从中华人民共和国成立后开始的。50多年来，由于区域内人口迅速增加，农业生产来自粮食需求的压力也不断加剧，大力开发利用水资源，扩大灌溉面积成为主要的应对措施。通过几十年的努力，西北地区的灌溉面积已从1949年的2 600万亩发展到了今天的1.32亿亩，增加了4倍多，形成了以关中平原、河西走廊、新疆内陆河地区、青海湟水流域与柴达木盆地、宁夏平原、内蒙古河套，以及沿黄扬黄灌区为主的农业生产基地，为区域粮食自给和社会发展作出了巨大的贡献。

表4-5所列的是西北各省区2000年的总用水量和水资源利用程度。数据显示，西北地区的地表水开发利用率为49.8%，地下水开采利用率为14.3%。从进一步开发利用的潜力看，地表水目前的开发利用程度已经偏高，进一步开发的潜力十分有限；地下水的开发利用尚有一定的潜力，但局部地区已严重超产，像甘肃的石羊河流域，地下水开采率已达67.63%，下游的民勤地区超采率更是达到100%，应当引起足够的重视[12]。从西北整个区域看，水资源总量的利用率已达53.3%，明显偏高，进一步开发利用的潜力有限。特别是区内的内流河流域，总体水资源开发利用程度为52.7，大大超过40%这一国际公认的合理限度[13-15]，已开始引发严重的区域生态环境问题，需要通过节水和合理用水过程逐步得到解决。

二、西北地区的农业用水现状

表4-6所列的是西北地区几个与农业用水有关的统计项目的数值，是以2000年的统计数据为基础汇总的[1,16]。数据显示，除陕西省外，西北地区其他省份在农业用水占总用水的比例、灌溉面积亩均耗水量、人均用水量等项目上都要明显高于全国平均水平。在整个西北地区而言，农业用水要占到总用水量的将近90%，是名副其实的用水大户，其中仅农田灌溉用水就平均占总用水量的76.6%。此外，西北地区灌溉面积亩均耗水量为404.2 m^3，高出全国平均值52.8%，宁夏和新疆更是分别达到538 m^3和557.3 m^3，分别比全国平均值高出103.4%和110.7%。这其中固然有该地区需水量大，降水量少的原因，但用水效率低，灌溉定额偏大也是造成农田耗水量较大的一个重要原因。

表4-5 西北各省区水资源利用量和开发程度

地区	总用水量（$\times10^8 m^3$）	地表水开发利用率（%）	地下水开采利用率（%）	水资源总量利用率（%）
内蒙古	100.3	>100.0	22.7	84.4
陕西	54.9	21.7	38.6	43.8
甘肃	119.7	55.6	23.9	68.9
青海	27.6	7.0	2.5	8.0

（续表）

地区	总用水量（$\times10^8m^3$）	地表水开发利用率（%）	地下水开采利用率（%）	水资源总量利用率（%）
宁夏	87.2	>100.0	21.2	>100.0
新疆	480.0	53.6	10.0	55.8
西北地区合计	869.6	49.8	14.3	53.3

注：表中数据引自“西北地区水资源配置、生态环境建设和可持续发展战略研究”阶段研究报告汇编，2001年12月。

表4-6　西北地区农业用水现状

地区	农业用水		农田灌溉用水占总用水比例（%）	灌溉面积亩均耗水量（m^3/亩）	人均用水量［m^3/（人·年）］
	用水量（$\times10^8m^3$）	占总用水量比例（%）			
内蒙古	90.9	90.6	78.9	247.3	898
陕西	36.3	66.1	57.7	139.2	198
甘肃	95.4	79.7	74.5	358.1	531
青海	21.2	76.8	72.5	378.7	567
宁夏	80.8	92.7	82.1	538.0	1 606
新疆	453.2	94.4	78.1	557.3	2 391
西北地区合计	777.7	89.4	76.6	404.2	948
其中：黄河流域	235.7	80.7	73.0	261.7	459
内陆河流域	542.0	93.8	78.5	512.1	2 047
全国合计	3 783.0	68.8	63.0	264.5	430

三、西北地区水资源开发利用和农田用水管理中存在的问题

通过50多年的农田水利建设，西北地区的农田灌溉面积增加了4倍多，极大地促进了当地的农业生产和社会发展。但是，在取得巨大成绩的同时，西北地区水资源利用和农田用水管理中隐藏的一些问题也逐步地显露出来，对当地社会经济的持续稳定发展构成了严重威胁。这些问题可以概括为如下几个方面。

（一）水资源开发与利用面对的社会发展压力越来越大

西北地区气候干旱，农业生产对灌溉的依赖性特别强，因此利用一切可以利用的水资源发展灌溉就成为粮食严重短缺时期保障社会稳定的首选方法和途径。引水打井也深受各级政府的重视，农民也有着极高的热情。在西北地区已初步解决粮食问题的今天，水资源开发利用中这种来自社会发展需求的压力非但没有减轻，反而有日益加重的趋势。这主要表现在以下几个方面：一是工业和城市的发展对水资源的需求量急剧增加，已在很大程度上开始挤占农业用水，对农业用水的保障形成了很大的威胁。二是随着人民生活水平的提高，对农产品供给提出了更高的要求。高蛋白高营养粮食品种的需求在增加，蔬菜瓜果需求量在增加，肉蛋奶需求量在增加，这些需求的满足不仅要求有足够的灌溉面积，而且对灌溉保证率提出了更高的要求。三是随着社会经济的不断发展，农民增收奔小康的需求越来越强烈，这样一些经济价值高的特种农产品的种植规模会有所发展。在追求经济效益最佳的过程中，节水只能放在次要的位置去考虑，这些特种农产品的种植不仅需要占用足够的灌溉面积，而且在用水上要得到首先保证。

由于在西北的许多地区，特别是农村地区，农业生产仍在经济中占有主要地位，因此农业的发展就承载了满足区域粮食供应、改善农民生活条件、促进地区经济发展的重任，而这一目标的实现，无疑对西北地区的水资源开发和利用施加了更大的压力，提出了更高的要求。

（二）水资源过度开发利用，引发严重的生态环境问题

按2000年的统计数据计算，西北地区的地表水和地下水的开发利用程度平均超过了50%，部分区域甚至超过了100%。在西北地区内陆河流域的部分地区，水资源过度开发情况更为严重。例如塔里木盆地区，地表水开发利用率为79.9%，水资源总量利用率也达到79.1%；河西内陆区水资源总量利用率高达93.9%；而在石羊河流域，水资源总量利用率甚至达到了154%，特别是下游的民勤绿洲，地下水开发利用率接近200%。西北内陆区的水资源开发利用率不仅远高于世界上公认的40%的安全线，也远高于我国一般采用的60%~70%的标准。

西北的部分地区由于水资源的过度开发利用，已经引发了严重的生态环境问题，这在内陆河地区更为突出。由于上游地区大量引水发展灌溉，从而减少了下游河道的来水量，不仅挤占了下游地区的部分农业水资源量，更是大量挤占了下游地区的生态用水量。像塔里木河，干流的年径流量一直在持续快速下降。20世纪60年代源流山区来水量比多年平均值偏少2.4亿m^3，20世纪90年

代来水量则比平均值偏多10.8亿m^3，在这样的情况下，干流上游的阿拉尔水文站20世纪60年代和90年代的平均年径流量却分别为51.8亿m^3和42亿m^3，减少了18.9%；而下游的恰拉水文站20世纪60年代和90年代的平均年径流量则分别为12.4亿m^3和2.7亿m^3，减少了78.2%。下游来水量的大幅度减少，使得下游大西海子以下320 km的河道自20世纪70年代以来长期处于断流状态，并且呈现不断向上延伸的趋势。尾闾湖泊台特玛湖于1974年后干涸，下游阿尔干附近地区地下水位由1973年的7.0 m降到了1997年的12.65 m，井水矿化度也从1.3 g/L上升到了4.5 g/L。干流水量的大量减少使得塔里木河两岸的胡杨林大片死亡，上中游胡杨林面积由20世纪50年代的600万亩减少到目前的360万亩，下游的胡杨林面积则由81万亩减少到现在的11万亩。林木死亡和草场退化已使塔里木河流域具有战略意义的下游绿色走廊濒临毁灭。

与塔里木河相比，黑河和石羊河流域的情况也有过之而无不及。由于全流域性的水资源过量开发，黑河尾闾湖泊西居延海和东居延海分别于1961年和1992年干涸，下游每年的断流时间由20世纪50年代的100 d左右延长到现在的200 d左右，河道尾闾干涸长度也呈逐年增加之势。由于来水量不断减少，黑河下游三角洲的地下水位不断降低，水质矿化度明显提高，沿河胡杨林面积由20世纪50年代的75万亩减少到现在的34万亩，沙枣和柽柳林的面积也大幅度的减少。整个三角洲地区已呈现林木覆盖度降低，草地生态系统退化，土地沙化速度明显加快的趋势。

由塔里木河、黑河和石羊河养育的3个绿色走廊，婉约3个绿色屏障横亘在西北干旱地区，将塔克拉玛干沙漠、库姆塔格沙漠、巴丹吉林沙漠和腾格里沙漠沙分隔开来，在阻挡沙漠扩展、降低风暴强度、减少沙尘天气方面发挥着重要的作用，对于区域生态环境的维护具有极高的战略意义。但由于水资源的长期过度开发利用，这3个绿色走廊的植被规模都在迅速萎缩，已使分隔西北几大沙漠的这些绿色走廊面临彻底消失的危险。这种状况如果继续发展下去，不仅使得绿洲内的农业生产面临着失去天然绿色屏障而直接面对风沙侵袭的危险，同时也将加速几个内陆河下游区域的荒漠化进程，使几大沙漠逐步汇合，从而加大西路沙尘暴的沙尘源地，更使风沙长驱直入，大大增加沙尘暴的发生概率，这对西北地区的生态环境，乃至我国整个北方地区的生态环境都会产生巨大的负面影响[17-18]。

（三）水资源缺乏统一调配管理，影响区域经济的整体发展

在一个流域内，上游区域和下游区域隶属于同一个生态系统，具有密不可分的联系，这一点在西北内陆河地区体现得尤为明显。由于流域内的水量基本上是一个定值，因此农业用水和生态用水，上游用水和下游用水存在此消彼长

的关系。在农业用水挤占了生态用水的同时，上下游之间也存在着对水资源利用权的激烈竞争。在几个大的内陆河流域，普遍存在上游灌溉面积不断发展，而下游灌溉面积迅速减少的状况，这在石羊河流域表现得最为充分。位于石羊河下游的民勤绿洲，近几十年由于上游用水量不断增加，使进入民勤盆地的水量逐年减少，20世纪50年代平均入境水量为5.8亿m^3，60年代为4.8亿m^3，70年代和80年代分别下降至3.2亿m^3和2.2亿m^3，2000年尚不足1亿m^3。严重缺水使得该地区地下水超采程度达到了75%~100%[19]。即使这样，在原来属石羊河尾闾湖区的青土湖周围，仍有7万余人、12万头牲畜饮水遭受前所未有的困难，30多万亩灌溉农田已经因为缺水而被迫弃耕，居民奔走他乡，原来碧波荡漾的湖区正在被流沙所吞噬。黑河、塔里木河，甚至黄河，都在很大程度上存在水资源调配与管理方面的问题，影响着区域经济的整体发展。应当说，有关管理部门已经为解决这一问题做了大量的工作，也动用了行政手段强制性为下游地区送水，但由于缺乏完善的运行机制，以及相应的监控措施和经济管理手段，目前对相关的问题尚未找到彻底的解决方法。

（四）水资源浪费现象仍较普遍，农业用水效率偏低

由于西北地区区域之间水资源分布十分不均衡，因此局部严重缺水和局部水资源严重浪费同时存在。西北地区的总供水中，地表水供水要占到75.8%，在宁夏和新疆更是高达90%以上。地表供水中又以直接引用河水供水为主，占到地表供水量的75.9%。这种供水模式下，大畦大流量是最为普遍的灌水方式。西北地区许多灌区的灌溉定额都偏大，例如内蒙古河套灌区的毛灌溉定额为11 337 m^3/hm^2，宁夏引黄灌区的毛灌溉定额为10 980 m^3/hm^2，青海灌区的灌溉定额11 337 m^3/hm^2，新疆全区的平均灌溉定额14 500 m^3/hm^2。有的灌区每次的灌水定额高达2 700 m^3/hm^2，在南疆的一些地区一次灌水定额甚至会达到3 750 m^3/hm^2。除去西北地区作物灌溉需水量本身要比其他地区大许多的因素外，西北地区的灌水定额和灌溉定额仍然显得偏大的多。

灌溉用水的大量浪费导致西北地区灌溉水利用水平的低下。据调查[20-21]，西北地区目前的灌溉水利用系数平均只有0.4左右，个别灌区甚至只有0.3左右。灌溉用水浪费严重，定额偏大，水分利用效率低，这在很大程度上加大了区域对水资源的需求量，更加重了区域水资源的供需矛盾。

西北地区部分灌区存在的灌溉水浪费严重现象，是与灌溉工程的不配套及灌溉管理水平低下直接相关的。由于许多灌区的灌溉工程基础设施建设水平低，致使输配水过程中存在着大量的跑冒渗漏；另外缺乏适宜的灌溉用水计量和控制设施，管理措施又跟不上，灌溉前无法准确确定灌水定额，灌溉过程中

也无法对实际灌水量进行有效控制；加之水价的制定和征收等方面的问题，使得节水的美好愿望很难实施下去，大水漫灌现象普遍也就不足为奇了。

满足不断增加的社会需求，改善已经十分危急的生态环境，这是西北地区水资源开发利用所面临的严峻挑战。目前，各方面较为一致的看法是[22-25]，解决西北地区的水资源危机应当两手齐抓，一是继续开发可以利用的新水源，包括为部分区域调入客水，以增强区域水资源的支撑能力。二是大力发展节水农业，从当前用水，特别是灌溉用水中挖潜，通过提高灌溉水的利用率来保障区域的水资源供给，同时通过提高灌溉水的利用效率，保障社会不断增加的农产品需求的供给。在当前水资源已经过度开发利用的区域，充分挖掘农业用水的节水潜力，将是保证区域农业生产和社会经济可持续发展的主导途径。

第三节　西北地区灌溉农业节水潜力的确定

一、灌溉农业节水潜力确定相关的基础数据

（一）基础代表点的选择

在前面的分析中已经看到，西北地区地域辽阔，降水条件、温度条件差异很大，与之相应的是作物种类和种植模式也各不相同，加之各地的水资源条件、灌溉工程和管理条件各异，因此造成各地灌溉用水状况具有很大的差异，表现在最终的节水潜力上也有明显的不同。为了在节水潜力分析中充分考虑这些差异，同时又兼顾大区域分析的需求，这里采用以点代面，多点联合的方式对西北地区的节水潜力进行分析研究。

为了与现有统计数据相结合，首先将西北地区按省际划分为6个区域，即内蒙古、陕西、甘肃、青海、宁夏和新疆6个省区。然后在每个省区范围内，综合考虑区域大小、地域类型、气候条件、作物种植模式、灌区类型等因素后，选择若干点作为代表点。在每个代表点所代表的区域范围内，作物的灌溉需水状况和产量潜力将以代表点上的气象资料为基础进行分析。这样，整个西北地区的作物需水和作物生产情况将通过这些代表点来表示。实际计算过程中，要首先按照第三章所述的方法计算确定出代表点上的有关基础数据，然后与其所代表区域的相关统计数据，如灌溉面积、作物种植面积、用水量等结合起来，即可确定该代表点所代表区域范围内的基础用水量、灌溉需水量和节水潜力等数据。最后对这些数据进行汇总，即可确定各省区范围及整个西北地区范围内的节水潜力。各省区内代表点的选择结果列于表4-7，其分布状况如图4-5所示。

表 4-7　西北地区确定灌溉农业节水潜力时选择的代表点

省区	代表站点
内蒙古	西部地区：阿拉善右旗、阿拉善左旗、额济纳旗 河套地区：临河、包头、鄂托克旗 呼和浩特地区：呼和浩特 东部地区：集宁、锡林浩特
陕西	关中地区：宝鸡、西安 延安地区：延安 榆林地区：榆林
甘肃	东部地区：天水、平凉 南部地区：临夏 兰州地区：靖远、兰州 河西地区：民勤、张掖、酒泉、敦煌、玉门
青海	黄河流域：西宁、同德 青海湖地区：刚察 内陆河流域：德令哈、格尔木
宁夏	宁夏灌区：中宁、银川 宁南地区：固原
新疆	北疆山口区：塔城、阿勒泰 天山北区：乌鲁木齐、石河子 北疆东部地区：吐鲁番、哈密 塔里木盆地北部：库尔勒、库车 塔里木盆地东南部：且末、若羌、焉耆 塔里木盆地西南部：和田、莎车、喀什

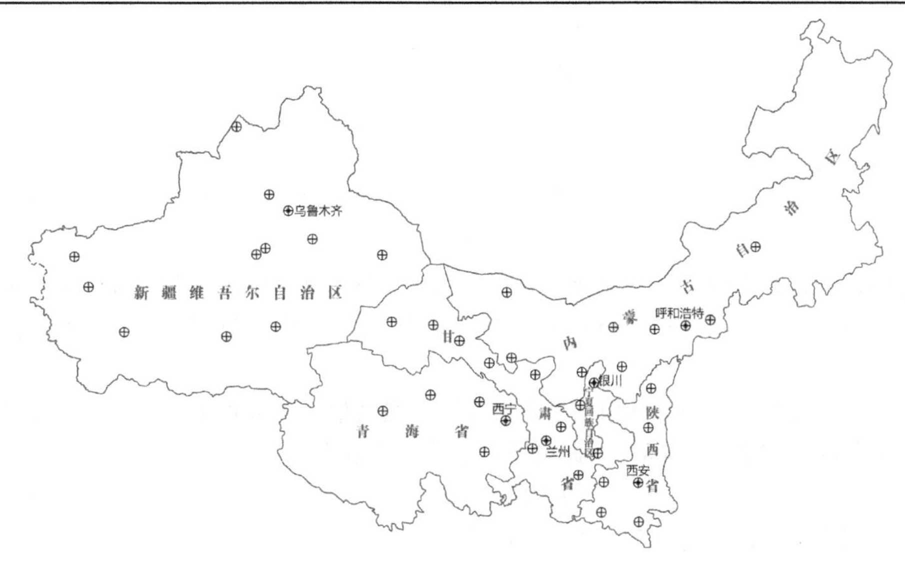

审图号：GS 京（2023）0267 号

图 4-5　西北地区节水潜力计算代表点的空间分布

（二）各代表点基础用水量和灌溉需水量的确定

1. 单一作物基础用水量

在不考虑盐碱问题和地下水利用的条件下，代表点上单一作物的基础用水量通过下式确定[26-27]。

$$WRB_i = ET_{0i} \times K_{ci} \tag{4-1}$$

式中，WRB_i为该点上第 i 种作物的基础用水量；ET_{0i}和 K_{ci}分别为第 i 种作物的参考作物需水量和作物系数，可分别利用 FAO 推荐的 Penman-Monteith 公式和从相关的文献中查得[28-29]。

ET_{0i}的确定利用的是代表点上 1961—1998 年 38 年的气象资料，以旬为单位逐年计算。计算结果利用皮尔逊Ⅲ型曲线进行频率分析，分别确定 5%、25%、50%和 75%保证率下的逐旬参考作物需水量，各月的参考作物需水量数据通过汇总月内各旬的数值得到。这里选用的是 50%保证率下的数值。

将计算确定的 50%保证率下的逐旬 ET_0值，分别乘以相应时期的 K_c值，即可确定该种作物的逐旬基础用水量值，通过汇总可确定作物全生育期的基础用水量值。以宁夏银川为例，计算确定的各种保证率下的逐旬 ET_0值列于表 4-8 中。该代表点上几种主要作物生育期内各旬的 K_c，以及计算确定的逐旬和全生育期基础用水量值如表 4-9 所示。

2. 单一作物单位面积灌溉需水量

在确定代表点上单一作物的单位面积灌溉需水量之前，还需要先确定作物生育期内的有效降水量。一种作物的有效降水量可利用第三章式（3-17）计算。有效降水量以旬为单位计算。这里利用各代表点 1961—1998 年 38 年的降水资料，以旬为基本单位逐年计算有效降水量，然后利用皮尔逊Ⅲ型曲线对计算结果进行频率分析，分别确定 25%、50%、75%和 95%保证率下的逐旬有效降水量。这里选用的是 50% 保证率下的数值，全生育期的有效降水量记为 PE_{ti}。

利用计算确定的基础用水量和有效降水量数值，代表点上第 i 种作物的单位面积灌溉需水量（WRI_{ui}）即可通过下式计算确定。

$$WRI_{ui} = WRB_i - PE_{ti} \tag{4-2}$$

对于水稻，式（4-2）要改为如下的形式。

$$WRI_{rice} = WRB_{rice} - PE_{trice} + WRL_{rice} \tag{4-3}$$

式中，WRL_{rice}为点上水稻泡田需水量与生育期间渗漏量的总和。

表 4-8 宁夏银川不同保证率下的逐旬参考作物需水量（ET_0）

单位：mm

月份	旬	多年平均	25%年份	50%年份	75%年份	95%年份
1月	上	6.08	5.90	6.08	6.26	6.51
	中	6.35	6.16	6.35	6.54	6.80
	下	8.07	7.83	8.07	8.31	8.64
2月	上	9.46	9.18	9.46	9.74	10.13
	中	12.17	11.82	12.17	12.54	13.03
	下	12.28	11.92	12.28	12.65	13.15
3月	上	18.13	17.61	18.13	18.68	19.42
	中	22.12	21.48	22.12	22.79	23.69
	下	27.88	27.07	27.88	28.72	29.86
4月	上	31.62	30.70	31.62	32.58	33.86
	中	37.25	36.17	37.25	38.37	39.89
	下	42.29	41.06	42.29	43.57	45.29
5月	上	45.73	44.41	45.73	47.12	48.98
	中	46.80	45.44	46.80	48.21	50.11
	下	55.32	53.72	55.32	57.00	59.24
6月	上	52.11	50.60	52.11	53.68	55.80
	中	52.75	51.22	52.75	54.35	56.49
	下	51.58	50.08	51.58	53.14	55.23
7月	上	50.11	48.66	50.11	51.62	53.66
	中	50.36	48.90	50.36	51.89	53.94
	下	53.25	51.70	53.25	54.86	57.02
8月	上	46.27	44.93	46.27	47.67	49.55
	中	41.01	39.83	41.01	42.25	43.92
	下	41.59	40.39	41.59	42.85	44.54
9月	上	34.00	33.01	34.00	35.02	36.41
	中	30.94	30.05	30.94	31.88	33.14
	下	27.26	26.47	27.26	28.08	29.19

（续表）

月份	旬	多年平均	25%年份	50%年份	75%年份	95%年份
10月	上	22.86	22.20	22.86	23.55	24.48
	中	19.02	18.47	19.02	19.60	20.37
	下	17.40	16.90	17.40	17.93	18.64
11月	上	13.25	12.87	13.25	13.66	14.19
	中	9.71	9.43	9.71	10.00	10.40
	下	7.43	7.22	7.43	7.66	7.96
12月	上	6.29	6.11	6.29	6.48	6.74
	中	5.77	5.60	5.77	5.94	6.17
	下	6.09	5.91	6.09	6.27	6.52
全年合计		1 020.6	991.0	1 020.6	1 051.5	1 093.0

表 4-9 宁夏银川主要作物的作物系数（k_c）和基础用水量（*WRB*）

单位：mm

时间	春小麦		水稻		春玉米		大豆	
	k_c	*WRB*	k_c	*WRB*	k_c	*WRB*	k_c	*WRB*
3月中旬	0.26	1.2	—	—	—	—	—	—
3月下旬	0.26	7.2	—	—	—	—	—	—
4月上旬	0.26	8.2	—	—	—	—	—	—
4月中旬	0.26	9.7	—	—	—	—	—	—
4月下旬	0.30	12.6	1.00	33.8	0.27	10.3	0.31	13.1
5月上旬	0.56	25.7	1.00	45.7	0.27	12.3	0.31	14.2
5月中旬	0.87	40.6	1.00	46.8	0.27	12.6	0.40	18.9
5月下旬	1.12	61.8	1.00	55.3	0.34	18.8	0.69	38.0
6月上旬	1.14	59.4	1.01	52.3	0.57	29.7	0.98	50.8
6月中旬	1.14	60.1	1.05	55.3	0.79	41.4	1.12	59.1
6月下旬	1.14	58.8	1.10	56.8	1.00	51.6	1.12	57.8
7月上旬	0.97	48.4	1.15	57.6	1.15	57.4	1.12	56.1
7月中旬	0.60	30.0	1.16	58.4	1.15	57.9	1.12	56.4

（续表）

时间	春小麦		水稻		春玉米		大豆	
	k_c	*WRB*	k_c	*WRB*	k_c	*WRB*	k_c	*WRB*
7月下旬	—	—	1.16	61.8	1.15	61.2	1.12	59.6
8月上旬	—	—	1.16	53.7	1.15	53.2	1.12	51.8
8月中旬	—	—	1.16	47.6	1.15	47.2	1.12	45.9
8月下旬	—	—	1.16	48.2	1.05	43.8	1.12	46.6
9月上旬	—	—	1.13	38.2	0.73	24.7	1.02	34.8
9月中旬	—	—	0.95	29.3	0.48	14.9	0.83	25.7
9月下旬	—	—	0.75	20.6	—	—	0.64	17.3
10月上旬	—	—	0.62	5.7	—	—	0.50	3.4
合计	0.68	423.7	1.03	767.1	0.77	537.0	0.86	649.4

以宁夏银川为例，在25%、50%、75%和95%保证率下全年逐旬降水量计算结果列于表4-10之中。各主要作物在50%保证率下的全生育期有效降水量计算结果，以及单位面积灌溉需水量计算结果如表4-11所示。

表4-10　宁夏银川在不同保证率下的逐旬降水量　　单位：mm

月份	旬	多年平均	25%	50%	75%	95%
1月	上	0.26	0.32	0.26	0.20	0.14
	中	0.50	0.60	0.49	0.39	0.26
	下	0.30	0.37	0.29	0.23	0.16
2月	上	0.90	1.09	0.88	0.70	0.47
	中	0.82	0.99	0.80	0.63	0.43
	下	0.64	0.77	0.62	0.50	0.34
3月	上	1.25	1.51	1.22	0.97	0.66
	中	1.72	2.08	1.68	1.33	0.91
	下	3.68	4.45	3.59	2.85	1.94

（续表）

月份	旬	多年平均	25%	50%	75%	95%
4月	上	2.61	3.16	2.55	2.02	1.38
	中	4.82	5.83	4.70	3.73	2.54
	下	4.10	4.96	4.00	3.18	2.16
5月	上	5.50	6.65	5.36	4.26	2.90
	中	6.94	8.40	6.77	5.38	3.66
	下	6.32	7.64	6.16	4.89	3.33
6月	上	3.95	4.78	3.85	3.06	2.08
	中	6.74	8.15	6.57	5.22	3.55
	下	8.30	10.04	8.09	6.43	4.37
7月	上	11.92	14.42	11.62	9.23	6.28
	中	10.92	13.20	10.64	8.45	5.75
	下	19.00	22.98	18.52	14.71	10.01
8月	上	20.26	24.50	19.75	15.69	10.68
	中	18.23	22.05	17.77	14.12	9.61
	下	15.43	18.66	15.04	11.95	8.13
9月	上	10.40	12.58	10.14	8.06	5.48
	中	6.30	7.61	6.14	4.88	3.32
	下	7.10	8.58	6.92	5.50	3.74
10月	上	4.74	5.73	4.62	3.67	2.50
	中	4.34	5.25	4.23	3.36	2.29
	下	3.21	3.88	3.13	2.48	1.69
11月	上	1.82	2.20	1.77	1.41	0.96
	中	1.02	1.23	1.00	0.79	0.54
	下	0.89	1.08	0.87	0.69	0.47
12月	上	0.16	0.20	0.16	0.13	0.09
	中	0.33	0.40	0.32	0.26	0.17
	下	0.22	0.26	0.21	0.17	0.11
全年合计		195.6	236.6	190.7	151.5	103.1

表 4-11 宁夏银川主要作物的有效降水量（*PE*）和灌溉需水量（*WRI*）

单位：mm

时间	春小麦		水稻		春玉米		大豆	
	PE	*WRI*	*PE*	*WRI*	*PE*	*WRI*	*PE*	*WRI*
3月中旬	0.3	0.8	—	—	—	—	—	—
3月下旬	3.6	3.7	—	—	—	—	—	—
4月上旬	2.5	5.7	—	—	—	—	—	—
4月中旬	4.7	5.0	—	—	—	—	—	—
4月下旬	4.0	8.6	3.2	30.6	3.6	6.7	4.0	9.1
5月上旬	5.4	20.4	5.4	40.4	5.4	7.0	5.4	8.8
5月中旬	6.8	33.8	6.8	40.0	6.8	5.9	6.8	12.1
5月下旬	6.2	55.7	6.2	49.2	6.2	12.7	6.2	31.8
6月上旬	3.9	55.5	3.9	48.5	3.9	25.8	3.9	46.9
6月中旬	6.6	53.6	6.6	48.7	6.6	34.8	6.6	52.5
6月下旬	8.1	50.7	8.1	48.7	8.1	43.5	8.1	49.7
7月上旬	11.6	36.7	11.6	46.0	11.6	45.8	11.6	44.5
7月中旬	10.6	19.3	10.6	47.8	10.6	47.3	10.6	45.8
7月下旬	—	—	18.5	43.2	18.5	42.7	18.5	41.1
8月上旬	—	—	19.7	33.9	19.7	33.5	19.7	32.1
8月中旬	—	—	17.8	29.8	17.8	29.4	17.8	28.2
8月下旬	—	—	15.0	33.2	15.0	28.7	15.0	31.5
9月上旬	—	—	10.1	28.1	10.1	14.6	10.1	24.6
9月中旬	—	—	6.1	23.2	6.1	8.7	6.1	19.5
9月下旬	—	—	6.9	13.6	—	—	6.9	10.4
10月上旬	—	—	1.8	3.8	—	—	1.4	2.0
合计	74.2	349.5	158.4	608.8	150.0	387.0	158.7	490.7
其他需水量	—	—	—	400*	—	—	—	—
全生育期灌溉需水量	74.2	349.5	158.4	1 008.8	150.0	387.0	158.7	490.7

注：* 表示按泡田用水量 150 mm，生育期渗漏量 250 mm 取值。

3. 代表点的综合基础用水量

分别确定了代表点上各种作物的基础用水量后，代表点上的综合基础用水量通过下式确定。

$$WRB_{Tu} = \left(\sum_{i=1}^{n} WRB_i \times A_i\right) / A_T \tag{4-4}$$

式中，WRB_{Tu}为代表点上综合基础用水量；WRB_i为代表点上第 i 种作物的基础用水量；A_i为代表点所代表区域内第 i 种作物在灌溉农田上的种植面积；A_T为代表点所代表区域内的总灌溉面积；n 为代表点所代表区域内考虑的作物种类数。

计算确定一个代表点的 WRB_{Tu}时，需要首先确定该代表点所代表区域内的总灌溉面积，以及在灌溉农田上的主要作物的种植结构和复种指数，这些数据可以从当地的统计资料中查到。

4. 代表点上单位面积灌溉需水量

在分别确定了代表点上各种作物的灌溉需水量之后，代表点上单位面积灌溉需水量利用下式确定。

$$WRI_u = \left(\sum_{i=1}^{n} WRI_{ui} \times A_i\right) / A_T \tag{4-5}$$

式中，WRI_u为代表点上单位面积灌溉需水量；WRI_{ui}为代表点上第 i 种作物的单位面积灌溉需水量。

计算确定一个代表点的 WRI_u时，也需要用到代表点所代表区域内的总灌溉面积，以及在灌溉农田上的主要作物的种植结构和复种指数等方面的数据。

以宁夏银川为例，计算 WRB_{Tu}和 WRI_u过程中所使用的基础数据及最终计算结果见表 4-12。

（三）各省区基础用水总量和灌溉需水总量的确定

1. 各省区基础用水总量

确定了省区内各代表点的综合基础用水量后，一个省区的基础用水总量可通过下式确定。

$$WRB_T = \sum_{j=1}^{m} WRB_{Tuj} \times A_{Tj} \tag{4-6}$$

式中，WRB_T为省区内的基础用水总量；WRB_{Tuj}为省区内第 j 个代表点的综合基础用水量；A_{Tj}为省区内第 j 个代表点所代表区域内的总灌溉面积；j 为区域内的代表点数目。

表 4-12　宁夏银川的综合基础用水量（WRB_{Tu}）和单位面积灌溉需水量（WRI_u）
（包括计算过程中的有关参数）

作物种类	种植比例（%）	WRB_i（mm）	WRI_{ui}（mm）
水稻	20	1 167.1	1 008.8
春小麦套春玉米	30	632.4	470.9
春小麦单种	10	423.7	349.5
春玉米单种	10	537.0	387.0
豆类	5	649.5	490.7
油料作物	8	455.8	316.5
谷子	4	485.4	341.5
瓜类	2	393.6	296.2
蔬菜	5	807.0	630.5
其他作物	6	955.0	770.0
代表点综合	100	713.1	563.8

项目	确定结果（或基础数据）
代表区域	宁夏青铜峡灌区
灌溉面积	465 万亩
复种指数	130%（主要以套种方式实现）
WRB_{Tu}	475.4 m^3/亩
WRI_u	375.9 m^3/亩

注：表中水稻为单季稻，豆类以大豆为代表，油料作物以胡麻和向日葵为代表。

2. 各省区灌溉需水总量

分别确定了省区内各代表点的单位面积灌溉需水量之后，一个省区的灌溉需水总量可通过下式确定。

$$WRI_T = \sum_{j=1}^{m} WRI_{uj} \times A_{Tj} \tag{4-7}$$

式中，WRI_T为省区内的灌溉需水总量；WRI_{uj}为省区内第 j 个代表点的单位面积灌溉需水量。

西北地区各省区的基础用水总量和灌溉需水总量计算结果汇总于表 4-13 之中。

表 4-13　西北地区各省区基础用水总量和灌溉需水总量

地点	基础用水总量（$\times10^8$ m^3）	灌溉需水总量（$\times10^8$ m^3）	有效灌溉面积（$\times10^8$亩）
内蒙古	76.6	58.4	1 775
陕西	68.8	25.0	1 635
甘肃	56.4	42.1	1 628
青海	12.3	7.2	367
宁夏	28.5	22.5	601
新疆	194.5	179.1	4 677
西北地区合计	437.1	334.3	10 684

（四）各省区现状灌溉用水总量

各省区的现状灌溉用水总量可以从各省区的水资源公报中查得。以 2000 年统计数据为基础确定的西北各省区现状灌溉用水总量、灌溉定额和有效灌溉面积数据如表 4-14 所示。

表 4-14　西北地区灌溉用水总量

省区	2000 年灌溉用水总量（$\times10^8$ m^3）	灌溉定额（$\times m^3$/亩）	有效灌溉面积（$\times10^4$亩）
内蒙古	79.1	445.6	1 775
陕西	31.7	193.9	1 635
甘肃	89.2	547.9	1 628
青海	20.0	545.0	367
宁夏	71.6	1 191.3	601
新疆	374.9	801.6	4 677
西北地区合计	666.5	623.8	10 684

（五）各省区灌溉用水总量中供给人工生态植被的水量

西北地区的绝大部分土地都处于干旱和半干旱气候条件下。由于年降水总量小，并且分布不均匀，因此灌溉区域内的人工植被，包括农田防护林和村镇内部的树木，其正常生长所需要的水分，很大程度上是依靠农田灌溉过程中跑冒或渗漏的水分来维持的。研究表明[30-31]，这些人工植被是当地农业生态系统的重要组成部分，起着重要的防风固沙作用。如果失去这些绿色屏障的保护，绿洲内部的农作物生产是很难正常进行的。

西北地区农田灌溉定额偏大与灌溉系统供给人工植被水分需求是有一定关系的。很显然，这部分水分是维护区域生态稳定和社会发展所必需的，如果通过渠系防渗或其他节水措施减少了灌溉过程中向人工植被的水分补给，那么势必要求另外设立供水系统为这些人工植被供水，以保证它们的正常生长，就像以色列所采取的方法一样[32-34]。由于这部分用水是必需的，因此在计算西北地区各省区的节水潜力时，就必须把这部分用水考虑在区域灌溉需水量之中。

“九五”国家科技攻关项目“西北干旱区水资源与生态环境评价研究”的研究成果表明[31]，为了实现生态与国民经济的协调发展，在充分考虑生态保护目标和生态建设规模需求的情况下，西北各区域需要通过灌溉过程间接支撑的生态系统的需水量大致如表 4-15 所示。

表 4-15　西北地区灌溉过程间接支撑的生态用水量

区域	灌溉间接支撑生态需水之一①		灌溉间接支撑生态需水之二②		合计	
	用水量（$\times10^8m^3$）	占灌溉总量（%）③	用水量（$\times10^8m^3$）	占灌溉总量（%）	用水量（$\times10^8m^3$）	占灌溉总量（%）
新疆全区	50.61	13.34	25.63	6.75	76.24	20.09
甘肃河西地区	6.43	9.50	3.69	5.45	10.12	14.95
柴达木盆地	0.10	2.08	0.41	8.54	0.51	10.63
宁夏全区④	1.41	1.97	0.82	1.14	2.23	3.11
其中：山丘区	0.07	4.02	0.03	1.51	0.10	5.52
引黄灌区	1.34	1.92	0.79	1.13	2.13	3.05
陕西关中地区⑤	—	—	—	—	—	—

注：①指根据遥感解译直接判读的林草面积所计算的耗水；②指遥感解译未能读出的田间林网耗水；③灌溉总量用的是2000 年的数值；④宁夏的分区数据摘自 2000 年宁夏水资源公报；⑤关中地区非地带性植被面积非常小，故而没有给出数据。

西北一些地区的生态需水数据表中没有给出，包括青海东部和环青海湖地区，甘肃东部和南部地区，以及内蒙古全区和陕西全区。确定这些地区的生态需水量时，以表 4-15 给出的数值为基础，依据相似性原理进行处理。其中青海东部和环青海湖地区、甘肃南部和东部地区，以及陕西的关中和延安，在节水潜力计算时不考虑预留供给人工植被的水量；内蒙古河套灌区生态需水参照宁夏黄河灌区生态需水占总用水量的比例计算确定；内蒙古内陆河地区的生态用水量计算参照甘肃河西地区的有关数值进行；陕西北部和内蒙古中部的黄土丘陵区则参照宁夏南部山丘区的有关数值计算生态用水量[35-36]。

根据以上分析，以有关的统计数据为基础[37-42]，可以确定西北各省区估算节水潜力时，2000 年灌溉用水总量中需要作为生态用水予以保留的那部分水量的数值，如表 4-16 所示。

表 4-16　西北各省区现灌溉用水中需作为生态用水保留的数量

省区	2000 年灌溉用水总量（$\times10^8m^3$）	生态用水量（$\times10^8m^3$）	生态需水比率（%）
内蒙古	79.1	3.07	3.88
陕西	31.7	0.24	0.76
甘肃	89.2	11.20	12.53
青海	20.0	0.70	3.51
宁夏	71.6	2.23	3.11
新疆	374.9	76.24	20.34
西北地区合计	666.5	93.65	14.05

二、各省区理论狭义节水潜力的确定

在计算确定了上述各项数据后，西北各省区的理论狭义节水潜力即可通过下式计算。

$$WSPN = WQI_T - WRI_T - WRE_T \tag{4-8}$$

式中，$WSPN$ 为狭义节水潜力；WQI_T为现状灌溉用水总量；WRI_T为灌溉需水总量；WRE_T为现状灌溉用水中补给生态需水的总量。

西北各省区及西北全区的狭义节水潜力计算结果如表 4-17 所示。

表 4-17　西北各省区及整个西北地区的狭义节水潜力

地点	2000 年灌溉用水总量（$\times10^8m^3$）	生态用水量（$\times10^8m^3$）	灌溉需水总量（$\times10^8m^3$）	狭义节水潜力（$\times10^8m^3$）	占 2000 年灌溉用水总量比例（%）
内蒙古	79.1	3.07	58.4	17.6	22.3
黄河流域	73.6	2.24	48.4	23.0	31.2
内陆河	5.5	0.82	10.0	−5.4	−97.3

（续表）

地点	2000年灌溉用水总量（$\times10^8m^3$）	生态用水量（$\times10^8m^3$）	灌溉需水总量（$\times10^8m^3$）	狭义节水潜力（$\times10^8m^3$）	占2000年灌溉用水总量比例（%）
陕西	31.7	0.24	25.0	6.5	20.4
甘肃	89.2	11.18	42.1	35.9	40.3
黄河流域	22.9	1.26	12.2	9.4	41.1
内陆河	66.3	9.91	29.9	26.5	40.0
青海	20.0	0.70	7.2	12.1	60.6
黄河流域	13.4	0	3.5	9.9	74.0
内陆区	6.6	0.70	3.7	2.2	33.6
宁夏	71.6	2.23	22.5	46.9	65.5
新疆	374.9	76.24	179.1	119.6	31.9
西北地区合计	666.5	93.65	334.3	238.6	35.8

应当说，通过以上程序计算确定的狭义节水潜力是从用水量的角度考虑的。在实际生产中，灌溉过程中损失掉的水分，有相当一部分又回归到了当地的水资源系统中，有时候，这种回归的水资源所占的份额还相当的大。以宁夏为例，据黄河水利委员会的统计[43]，宁夏全区2000年从黄河中取水量为81.58亿m^3，但最终通过排水系统又将其中的47.66亿m^3送回了黄河。应当说，这样的用水模式是非常不理想的，在耗时费工的同时，还有可能对水质及区域环境造成巨大的负面影响，同时还可能影响到整个流域的水资源统一调配与利用。因此，将这部分水量计算在节水潜力中，通过节水措施的实施减少引水量，同时也减少排水量，从经济和区域水资源的统一调配上讲也具有现实的意义，应是未来节水发展的一个努力目标[44-45]。但同时也必须看到，这部分水量毕竟最后是返回了区域水资源系统中，并能够为随后的生产活动或是其他区域所利用。努力减少这部分水量对缓解整个区域水资源的供需矛盾所起的作用并不太大，因此部分水资源专家认为这部分回归的水量不应当考虑在节水潜力之中[46-51]。以此观点为基础，在前面计算确定的各省区理论狭义节水潜力中减掉这部分回归的水量，所得数值可称为实际节水潜力，这一概念与部分水资源学家提出的“真实节水量”的含义基本相似。因此，实际节水潜力可看作是现状用水总量中，通过各类节水措施的实施，可真正减少的水资源消耗数量。各省区的实际节水潜力计算结果如表4-18所示。

表 4-18　西北各省区的实际节水潜力　　单位：$\times 10^8 m^3$

地点	理论狭义节水潜力	直接回归水量	实际狭义节水潜力
内蒙古	23.0	7.6	15.4
黄河流域	23.0	7.6	15.4
内陆河	0	0	0
陕西	6.5	1.3	5.1
甘肃	35.9	23.2	12.7
黄河流域	9.4	4.0	5.4
内陆河	26.5	19.2	7.3
青海	12.1	4.8	7.3
黄河流域	9.9	3.4	6.5
内陆区	2.2	1.4	0.8
宁夏	46.9	42.8	4.1
新疆	119.6	82.5	37.1
西北地区合计	243.9	162.2	81.8

三、各省区理论广义节水潜力的确定

(一) 灌溉农田当前的生产水平

灌溉农田现状生产水平的确定是一项困难较大的工作，主要原因有如下几个方面。第一，现状统计口径与需求不匹配。在甘肃河西地区、新疆的大部分地区及青海的柴达木盆地，农业生产完全依赖于灌溉，因此这些地区灌溉农田的作物现状产量水平，数据直接从当地的统计资料上摘取即可。但在降水量超过 250 mm 的半干旱地区，农业生产有很大一部分是在完全没有灌溉的条件下进行的，而现有的农业统计资料，大部分没有将灌溉农田与非灌溉农田的数值分开进行统计。比如作物种植面积，只是显示该地区的种植总面积，并不显示有多少面积是种在灌溉农田上。作物平均产量的情况也一样，平均产量是所有农田面积上的平均产量，而不再区分灌溉农田上的平均状况与雨养农田的平均状况。在这种情况下，除了水稻外，从统计数据上就不可能直接获得这些地区其他作物在灌溉农田上的现状生产水平数据。第二，对于牧草、蔬菜等作物，由于统计时是作为一个大类处理的，因此很难再继续探寻各种作物的现状生产水平数据。第三，现状生产条件下作物种植种类繁多，因此很难每种作物都考虑周全，例如在统计数据上，没有单独列出的谷物统一以“其他谷类作物”的形式出现，没有单独列出的经济作物统一以“其他经济作物”的形式出现，这更增加了区分不同作物种植面积与产量水平的难度。鉴于此，各地灌溉农田上的现状生产水平采用统一概化的方式处理。这种概化包括两层含义，一是每个省区内都使用同一组数据；二是以主要作物的趋势代表全部作物。

在实施中国工程院重大咨询项目“中国可持续发展水资源战略研究”时，“中国农业需水与节水高效农业建设”课题组根据有关的调查数据，对全国各地灌溉农田与雨养农田上的作物产量水平进行了对比分析，并对西北地区的情况进行了重点讨论，给出的结果如表4-19所示[22,52]。以此为基础，结合西北地区的相关统计数据，项目组对西北地区灌溉农田几种主要作物的现状产量水平及2010年和2030年的预测产量水平进行了研究，结果如表4-20所示[22]。本文关于西北地区灌溉农业广义节水潜力的分析即以这些数据为基础进行。

表4-19 灌溉农田与雨养农田作物产量水平的比较

区域	灌溉区单产（kg/亩）	雨养区单产（kg/亩）	灌溉区单产/雨养区单产	备注
东北诸河	579.3	182.2	3.18	1993年数据
海滦河流域	316.9	104.3	3.04	1993年数据
黄河流域	338.5	95.9	3.53	1993年数据
淮河及山东半岛	514.0	188.7	2.72	1993年数据
西北内陆河	160.9	36.2	4.45	1993年数据
北方合计	385.8	152.1	2.53	1993年数据
陕西	366.1	105.0	2.49	榆林地区
甘肃	393.4	97.0	3.05	庆阳地区
内蒙古	189.5	39.6	3.79	后山地区
宁夏	189.5	57.9	2.27	固原地区

注：该表根据《中国农业需水与节水高效农业建设》表4-4和表4-5整理而成。

表 4-20　2000 年西北地区几种主要作物在灌溉农田上的平均产量

单位：kg/亩

省区	水稻	小麦	玉米	大豆	油料	棉花
内蒙古	503.4	280.5	569.5	105.4	95.2	129.5
陕西	454.1	323.5	333.6	94.0	107.9	79.6
甘肃	454.1	323.5	333.6	94.0	107.9	79.6
青海	—	413.3	412.9	—	153.7	—
宁夏	503.4	280.5	569.5	105.4	95.2	129.5
新疆	467.4	350.7	508.6	193.7	142.5	202.1

注：数据计算时耕地面积用的是统计数据。

表 4-21 所列是几种主要作物的种植面积占总播种面积的比例。需要说明的是，表中有关数据是根据 2000 年的农业统计资料确定的，是占各省区所有耕地种植面积的比例，而在灌溉农田中，这几种主要作物的种植比例更高，像宁夏的稻谷，统计种植比例只占 7.5%，但在宁夏平原灌区要占到播种面积的 20%左右，其他几种主要作物的情况也类似。表中数据显示，以总种植面积统计为基础计算，各省区这几种主要作物所占比例最低的为 56.1%，最高接近 80%。因此，以这 6 种作物为基础分析西北地区的广义节水潜力，所得结果应当具有较高的可信度。

表 4-21　几种主要作物播种面积占总播种面积的比例

省区	农作物总播种面积（$\times10^4$亩）	稻谷（%）	小麦（%）	玉米（%）	大豆（%）	油料（%）	棉花（%）	合计（%）
内蒙古	5 914.4	2.0	10.4	21.9	13.4	14.9	—	62.7
陕西	4 555.5	3.2	33.7	23.2	5.4	6.7	0.7	72.9
甘肃	3 740.2	0.2	31.9	12.4	2.4	8.3	0.9	56.1
青海	553.7	—	29.9	0.4	—	34.6	—	64.9
宁夏	1 016.6	7.5	28.8	12.9	4.3	7.7	—	61.2
新疆	3 391.5	2.3	24.7	11.3	1.9	9.1	29.8	79.2
西北地区合计	19 171.9	2.2	24.2	17.4	6.4	10.8	5.6	66.7

对各省区内有关代表点上这 6 种代表作物的基础用水量资料进行汇总，可以确定这几种作物以省区为单位的基础用水量平均值，结果如表 4-22 所示。

（二）灌溉农田的潜在生产水平

作物潜在产量水平采用联合国粮农组织提供的方法确定[53-55]。在利用各省区相关气象资料计算的基础上，参照我国各地区的高产典型记录值，以及已有研究工作取得的成果[56-57]，最终确定的西北各省区主要作物的潜在产量水平值如表 4-23 所示。

表 4-22　几种主要作物的基础用水量和种植面积

省区	项目	稻谷	小麦	玉米	大豆	油料	棉花
内蒙古	WRB_u（m^3/亩）	796.3	303.8	379.4	466.0	356.8	—
	种植面积（10^4/亩）	106.6	618.2	466.4	220.4	280.8	—
陕西	WRB_u（m^3/亩）	—	253.4	266.7	264.5	294.3	363.8
	种植面积（10^4/亩）	—	943.6	740.6	232.4	41.0	137.9
甘肃	WRB_u（m^3/亩）	746.4	265.5	359.4	389.8	348.4	383.2
	种植面积（10^4/亩）	4.9	636.2	229.0	101.0	298.9	5.3
青海	WRB_u（m^3/亩）	—	310.1	—	368.6	310.0	—
	种植面积（10^4/亩）	—	150.2	—	33.6	127.3	—
宁夏	WRB_u（m^3/亩）	778.1	282.5	358.0	433.0	303.9	—
	种植面积（10^4/亩）	117.2	241.9	78.7	30.2	48.4	—
新疆	WRB_u（m^3/亩）	784.2	327.5	391.5	433.7	320.0	399.5
	种植面积（10^4/亩）	78.6	1 257.2	601.9	126.7	427.5	1 396.1

表 4-23　西北各省区主要作物的光温生产潜力值　单位：kg/亩

省区	水稻	小麦	玉米	大豆	油料	棉花	水稻计算点
内蒙古	1 089.2	566.7	892.5	416.5	351.2	—	河套地区
陕西	982.9	633.5	655.7	352.9	369.9	166.3	关中平原
甘肃	1 072.3	718.4	909.9	426.0	376.5	191.9	河西地区
青海	—	941.7	733.3	—	349.3	—	—
宁夏	1 189.4	681.3	929.2	429.7	363.8	—	银川地区
新疆	1 157.8	1 076.6	890.9	395.6	414.0	300.0	乌鲁木齐

注：表中水稻数据获取地点，内蒙古河套地区、陕西关中平原、甘肃河西地区、宁夏银川地区、新疆乌鲁木齐。

（三）各省区广义节水潜力的估算

在确定了各省区几种主要作物的现状产量水平、潜在产量水平、基础用水量、种植面积等数据后，即可根据第三章所述的方法计算各省区这几种作物的广义节水潜力。表 4-24 所列的是西北各省区几种主要作物单位面积的广义节水潜力值。从表中可以看出，依靠农业措施减少棵间蒸发和提高产量，所表现出的节水潜力是十分巨大的。以小麦为例，西北地区 6 省区依据实际种植面积加权平均，平均广义节水潜力为 184 m^3/亩，平均基础用水量为 291.8 m^3/亩，广义节水潜力要占到基础用水量的 63.06%。

表 4-24　西北各省区主要作物单位面积的广义节水潜力计算结果

单位：m^3/亩

省区	稻谷	小麦	玉米	大豆	油料	棉花
内蒙古	465.1	183.5	185.7	371.7	251.6	—
陕西	—	92.3	82.6	84.0	92.3	165.1
甘肃	461.9	169.8	254.0	306.3	258.9	210.8
青海	—	115.6	—	124.9	103.7	—
宁夏	481.7	189.4	182.5	327.1	211.0	—
新疆	499.3	242.1	212.7	263.8	195.0	247.7

将表 4-24 的计算结果与 6 种作物的种植面积结合，可以确定出各省区 6 种作物的广义节水潜力总值。将这些总值除以相应省区的 6 种作物基础用水量总和，可以得到各省区 6 种作物的广义节水潜力占基础用水量的平均比例。假定这一比例适用于整个省区范围内的所有作物种类，这样就可以将这一比例与灌溉农田的基础用水总量相乘，计算确定各省区灌溉农田的广义节水潜力总值，结果如表 4-25 所示。

表 4-25　西北各省区灌溉农田的理论广义节水潜力　单位：$\times 10^8$ m^3

省区	6 种作物累计潜力	6 种作物累计 *WRB*	占百分比（%）	全省区 *WBR*	全省区理论广义节水潜力
内蒙古	40.2	65.3	61.6	76.6	47.2
陕西	19.4	56.0	34.7	68.8	23.9
甘肃	27.8	40.0	69.4	56.4	39.1

（续表）

省区	6种作物累计潜力	6种作物累计 *WRB*	占百分比（%）	全省区 *WBR*	全省区理论广义节水潜力
青海	3.0	8.6	34.9	12.3	4.3
宁夏	13.7	21.5	63.5	28.5	18.1
新疆	93.4	145.9	64.1	194.5	124.6
西北合计	197.6	337.3	58.6	437.1	257.2

四、各省区的总节水潜力

将计算确定的狭义节水潜力和广义节水潜力值进行汇总，即可得到西北各省区现状用水条件下的理论节水潜力值，如表4-26所示。

表4-26　西北各省区灌溉农业的理论节水潜力值

省区	2000年灌溉用水总量（$\times10^8m^3$）	理论节水潜力总量（$\times10^8m^3$）	占2000年灌溉用水总量的比例（%）
内蒙古	79.1	64.8	82.0
陕西	31.7	30.3	95.7
甘肃	89.2	75.1	84.2
青海	20.0	16.4	82.2
宁夏	71.6	65.0	90.7
新疆	374.9	244.2	65.1
西北合计	666.5	495.8	74.4

第四节　西北地区几个主要时期可实现节水潜力的确定

从确定的狭义和广义节水潜力值来看，西北地区节水农业的发展空间还是十分巨大的。但是需要认识到，上面计算的结果是西北地区节水的最大潜力值，是在完全理想的条件下，即灌溉供水过程中没有任何水量损失、作物生长过程不受除光温因子以外的其他任何因子制约、作物的生产潜能得到充分发挥的条件下的节水效果。在人为控制条件下，这样的潜力应该是能够实现的，至少是能够十分的逼近。西北一些地区采用膜下滴灌系统供水，田间棵间蒸发就得到了有效的控制，一些地区的高产纪录值也十分接近当地的光温生产潜力，都可以从一定程度上说明这一问题。

但是，在欣赏诱人前景的同时，更要清醒地面对当前的现实。由于自然的、经济的和人为的各种因素影响，当前的灌溉农业用水状况与节水潜力完全实现的需求还有着相当大的距离。节水潜力的实现应当说是一个十分漫长的过程，也是一个逐步发展的过程。一个时期节水潜力的实现程度，既要取决于该时期采用了哪些节水技术措施，更取决于这些节水技术措施在多大范围内得到了应用。因此，根据对未来特定时期节水技术措施可能应用程度的预测，分析这些节水措施实施后可能实现的节水潜力，对于指导区域节水农业的发展及水资源的规划利用将具有积极的意义。

为了与全国节水灌溉规划的研究结果，以及与中国工程院重大咨询项目“中国可持续发展水资源战略研究”和“西北地区水资源配置、生态环境建设和可持续发展战略研究”的研究结果相吻合，这里也选择2010年和2030年作为预测未来节水潜力可能实现程度的代表年份。

一、2010年可实现节水潜力预测

（一）2010年可实现的狭义节水潜力

根据前面计算确定的各省区灌溉需水量数值（表4-13），以及统计确定的各省区灌溉用水量，可以计算出当前用水状况下各省区的输配系统用水效率，结果列于表4-27中。

表4-27　西北各省区输配水系统的现状用水效率

地区	2000年灌溉用水总量（$\times10^8m^3$）	灌溉需水总量（$\times10^8m^3$）	用水效率 $\eta_{P总}$
内蒙古	79.1	58.4	0.74
黄河流域	73.6	48.4	0.66
内陆河	5.5	10.0	1.82
陕西	31.7	25.0	0.79
甘肃	89.2	42.1	0.47
黄河流域	22.9	12.2	0.53
内陆河	66.3	29.9	0.45
青海	20.0	7.2	0.36

（续表）

地区	2000 年灌溉用水总量（$\times10^8m^3$）	灌溉需水总量（$\times10^8m^3$）	用水效率 $\eta_{P总}$
黄河流域	13.4	3.5	0.26
内陆区	6.6	3.7	0.56
宁夏	71.6	22.5	0.31
新疆	374.9	179.1	0.48
西北地区	666.5	334.3	0.50

据有关部门和专家预测[22,58]，基于当前的水资源需求与节水灌溉发展投入水平，到 2010 年我国西北几个省区的灌溉水利用系数可以分别达到：内蒙古 0.40，陕西 0.50～0.55，甘肃 0.50～0.55，青海 0.45～0.50，宁夏 0.40，新疆 0.55。按照这一预测，可以根据第三章式（3-36）所示的公式，计算确定各省区 2010 年可以实现的狭义节水潜力，结果汇于表 4-28 之中。

表 4-28　西北各省区 2010 年的可实现狭义节水潜力

地区	平均灌溉需水量（m^3/亩）	灌溉面积（$\times10^8$亩）	现状用水效率	2010 年数值	
				灌溉水利用系数	节水潜力（$\times10^8m^3$）
内蒙古	337.5	1 434	0.66	0.400	—
陕西	152.9	1 635	0.79	0.525	—
甘肃	258.6	1 628	0.47	0.525	9.0
青海	195.4	367	0.36	0.475	4.9
宁夏	374.4	601	0.31	0.400	15.4
新疆	382.9	4 677	0.48	0.550	49.3
合计	1 701.7	10 342	0.49	—	78.5

（二）2010 年可实现的广义节水潜力

广义节水潜力的实现包括两个方面，一是减少棵间无效水分损失，二是提高作物产量[59,62]。

在减少棵间无效水分损失方面，比较有效的方法是采用覆盖措施。目前生产上得到大面积应用的覆盖措施主要有两类，一是地膜覆盖，二是秸秆覆盖。

地膜覆盖节水效果显著，资料显示一般可以节水10%~20%[63-64]，这里取其平均值，即节水效果为15%。秸秆覆盖的节水效果，各地的试验结果有很大的出入[65-66]，这里取较为保守些的数据，即节水效果以10%计算。对于这两种覆盖措施至2010年能够在灌溉农田中稳定应用的规模，就目前的情况看，不容乐观。地膜的高成本及污染性，以及秸秆覆盖的费时费力加效果不稳定，是阻碍应用面积迅速扩大的最重要因素[67-68]。这里采取保守的估计，估计到2010年覆盖措施在灌溉农田上的应用比例上限为10%，即薄膜覆盖和秸秆覆盖各占总有效灌溉面积的5%。

对于水稻，采取良好的管理措施，实现控制灌溉，相对较易推广。节水效果以10%计，使用面积2010年估计为当前种植面积的50%。

随着生产条件的不断改善，各地的单产水平一直在持续增加。研究结果显示[22]，西北各省区几种主要作物在2010年的单产水平都将比目前有较大幅度的增加，具体预测结果如表4-29所示。

表4-29　西北地区几种主要作物2010年单产预测值　单位：kg/亩

省区	水稻	小麦	玉米	大豆	油料	棉花
内蒙古	554.4	368.9	716.7	155.1	123.1	143.2
陕西	534.2	389.9	462.2	151.2	149.1	97.5
甘肃	534.2	389.9	462.2	151.2	149.1	97.5
青海	—	457.4	521.0	—	216.1	—
宁夏	554.4	368.9	716.7	155.1	123.1	143.2
新疆	528.8	395.0	585.1	254.3	203.5	245.0

利用对覆盖措施的节水效果和应用面积的估计，结合几种主要作物的现状生产水平和2010年的产量水平预测数据，可以利用第三章所述的方法计算确定各省区主要作物的广义节水潜力，结果汇于表4-30之中。

表4-30　西北地区几种主要作物2010年可实现节水潜力值

单位：$\times 10^8 m^3$

省区	水稻	小麦	玉米	大豆	油料	棉花	合计
内蒙古	1.14	3.86	3.24	2.62	1.98	—	12.84
陕西	—	3.78	4.55	1.76	0.28	0.84	11.20

（续表）

省区	水稻	小麦	玉米	大豆	油料	棉花	合计
甘肃	0.07	2.67	1.89	1.13	2.38	0.03	8.17
青海	—	0.47	—	—	0.93	—	1.40
宁夏	1.22	1.41	0.52	0.33	0.29	—	3.77
新疆	0.95	4.66	3.02	1.13	3.33	9.00	22.09

以这6种作物的节水潜力实现值为基础，可以计算确定各省区2010年可实现广义节水潜力占总的基础用水量的比率。然后以这一比率为基础，可以进一步推求西北各省区2010年的可实现广义节水潜力值，结果如表4-31所示。

表4-31　西北各省区2010年可实现广义节水潜力估计值

单位：$\times10^8m^3$

省区	6种作物累计潜力	6种作物累计 *WRB*	占百分比（%）	全省区 *WBR*	全省区可实现广义节水潜力
内蒙古	12.84	65.25	19.67	76.6	15.07
陕西	11.20	56.03	19.99	68.8	13.76
甘肃	8.17	40.04	20.42	56.4	11.51
青海	1.40	9.84	14.23	12.34	1.76
宁夏	3.77	21.55	17.49	28.5	4.99
新疆	22.09	145.85	15.15	194.5	29.46
西北合计	59.48	338.57	17.57	437.14	76.54

（三）2010年可实现的总节水潜力

将计算确定的2010年可实现广义节水潜力和可实现狭义节水潜力累加，即可确定2010年西北地区可实现的节水潜力总值，结果如表4-32所示。

表4-32　西北地区2010年可实现节水潜力

省 区	总节水潜力（$\times10^8m^3$）	狭义潜力（$\times10^8m^3$）	广义潜力		
			总量（$\times10^8m^3$）	来自产量（%）	来自覆盖和水稻节水（%）
内蒙古	15.1	0	15.1	91.2	8.8

（续表）

省 区	总节水潜力（$\times10^8m^3$）	狭义潜力（$\times10^8m^3$）	广义潜力		
			总量（$\times10^8m^3$）	来自产量（%）	来自覆盖和水稻节水（%）
陕西	13.8	0	13.8	93.7	6.3
甘肃	20.5	9.0	11.5	93.7	6.3
青海	6.7	4.9	1.8	91.3	8.7
宁夏	20.4	15.4	5.0	83.8	16.2
新疆	78.8	49.3	29.5	90.7	9.3
西北合计	155.1	78.6	76.5	91.4	8.6

二、2030 年可实现节水潜力预测

（一）2030 年可实现的狭义节水潜力

水利部和中国工程院的有关研究指出[22,58]，按照当前的节水灌溉投入趋势，到 2030 年我国西北几个省区的灌溉水利用系数可以分别达到：内蒙古 0.45，陕西 0.55～0.60，甘肃 0.55～0.60，青海 0.5～0.6，宁夏 0.45，新疆 0.6。根据这些预测数值，用第三章所述的方法和式（3-36），可以计算确定西北各省区 2030 年可以实现的狭义节水潜力，结果汇于表 4-33 中。

表 4-33 西北各省区 2030 年可实现狭义节水潜力

省区	平均灌溉需水量（m^3/亩）	作用灌溉面积（$\times10^8$亩）	现状用水效率	2030 年数值	
				灌溉水利用系数	节水潜力（$\times10^8m^3$）
内蒙古	337.5	1 434	0.66	0.450	—
陕西	152.9	1 635	0.79	0.575	—
甘肃	258.6	1 628	0.47	0.575	16.0
青海	195.4	367	0.36	0.550	7.0
宁夏	374.4	601	0.31	0.450	21.6
新疆	382.9	4 677	0.48	0.600	76.4
合计	1 701.7	10 342	0.49	—	120.9

（二）2030 年可实现的广义节水潜力

确定 2030 年可实现广义节水潜力数值时，使用的基础数据估计方法如下。

一是覆盖节水效果不变，仍为地膜覆盖 15%，秸秆覆盖 10%。

二是应用规模上，认为通过近 30 年的努力，可以很好解决化学合成类物质覆盖的污染问题，以及作物秸秆覆盖的机械化操作与灌溉问题，使覆盖节水措施的应用面积达到总灌溉面积的 30%左右，其中化学合成物质覆盖和作物秸秆覆盖分别占总灌溉面积的 15%。

三是水稻控制灌溉的节水效果仍为 10%，并且经过 30 年的努力，届时所有的水稻田都将采取控制灌溉新技术。

四是在各种因子的作用下，作物产量水平继续增加，数据仍采用中国工程院重大咨询项目“中国可持续发展水资源战略研究”的预测结果[22]。

以这些预测结果和数据为基础，按照与 2010 年广义节水潜力计算时相同的方法和步骤，可以确定西北各省区 2030 年可实现的广义节水潜力值，计算结果列于表 4-34 中。

表 4-34　西北各省区 2030 年可实现广义节水潜力估计值

单位：$\times 10^8 m^3$

省区	6 种作物累计潜力	6 种作物累计 *WRB*	占百分比（%）	全省区 *WBR*	全省区可实现广义节水潜力
内蒙古	21.52	65.25	32.98	76.60	25.27
陕西	18.76	56.03	33.49	68.80	23.04
甘肃	13.92	40.04	34.75	56.40	19.60
青海	2.75	9.84	27.92	12.34	3.44
宁夏	6.95	21.55	32.25	28.50	9.19
新疆	42.20	145.85	28.93	194.50	56.27
西北合计	106.10	338.57	31.34	437.14	136.81

（三）2030 年可实现的总节水潜力

将确定的 2030 年狭义节水潜力和广义节水潜力进行累加，可以确定出西北各省区 2030 年可实现的总节水潜力数值，结果见表 4-35。

表 4-35　西北地区 2030 年可实现节水潜力

省区	总节水潜力（×10^8m^3）	狭义节水潜力（×10^8m^3）	广义节水潜力		
			总量（×10^8m^3）	来自产量（%）	来自覆盖和水稻节水（%）
内蒙古	25.3	0	25.3	86.2	13.8
陕西	23.0	0	23.0	88.8	11.2
甘肃	35.6	16.0	19.6	89.0	11.0
青海	10.4	7.0	3.4	86.6	13.4
宁夏	30.8	21.6	9.2	80.2	19.8
新疆	132.7	76.4	56.3	86.1	13.9
西北合计	257.7	120.9	136.8	86.6	13.4

主要参考文献

[1] 中国工程院“西北水资源”项目组. 西北地区水资源配置、生态环境建设和可持续发展战略研究（阶段研究报告汇编）[R]. 2001.

[2] JENSEN M E, BURMAN R D, ALLEN R G. Evapotranspiration and irrigation water requirements [C]. ASCE Manuals and Reports on Engineering Practices No. 70. New York: American Society-civil Engrs, 1990.

[3] KANNEMASU E T, STEWART J I. Agroclimatic approaches for improving agricultural productivity in semi arid tropics [M] //STEWART B A. Advances in soil science, New York: Springer, 1990: 237-309.

[4] REDYY S J. Agroclimatic classification of the semi-arid tropic. I. A method for the computation of classificatory variables [J]. Agric. Meteorol., 1983a (30): 185-200.

[5] REDYY S J. Agroclimatic classification of the semi-arid tropic. II. Identification of classificatory variables [J]. Agric. Meteorol., 1983b (30): 293-325.

[6] STEWART J I. 1989. Mediterranean type climate wheat production and response farming [M] //Proc Workshop Soil Water Crop, Livestock management system for rainfed agriculture in the Near East region. Amman, Jordan, 1986: 5-19.

[7] 国家地图集编纂委员会. 中华人民共和国国家农业地图集 [M]. 北京:

中国地图出版社，1989.
[8] 信乃诠，王立祥. 中国北方旱区农业［M］. 南京：江苏科学技术出版社，1998.
[9] 中国农业年鉴编辑委员会. 中国农业年鉴 2001［M］. 北京：中国农业出版社，2001.
[10] 中国水利年鉴编纂委员会. 中国水利年鉴 2001［M］. 北京：中国水利水电出版社，2001.
[11] 西北农业大学农业水土工程研究所. 西北地区农业节水与水资源持续利用［M］. 北京：中国农业出版社，1999.
[12] 甘肃省土地资源厅. 关于河西地区水土资源开发利用情况的汇报［R］. 2001.
[13] 刘昌明，陈志恺. 中国水资源现状评价和供需发展趋势分析［M］. 北京：中国水利水电出版社，2001.
[14] FAO. Agriculture：Toward 2000［C］. FAO，Rome，1981.
[15] JORDAN W R. Water and water policy in world food supplies［M］. Jordan：Texas A & M University Press，1987.
[16] 中华人民共和国水利部. 2000 年中国水资源公报［R］. 2001.
[17] 陈志恺. 河西地区水资源的持续开发利用［R］//中国工程院“西北水资源”项目办公室. “西北地区水资源配置、生态环境建设和可持续发展战略研究”简报，2003（16）：14-16.
[18] 中国工程院“水资源”项目组翻印，新疆地区有关资源汇编，2001 年 2 月。
[19] 石玉林，王辉. 保护民勤绿洲生态环境［R］//中国工程院“西北水资源”项目办公室. “西北地区水资源配置、生态环境建设和可持续发展战略研究”简报，2003（16）：8-13.
[20] 冯广志. 我国节水灌溉的总体思路［M］//水利部农村水利司. 农业节水探索. 北京：中国水利水电出版社，2001：48-55.
[21] 中国灌溉排水技术开发培训中心. 黄河流域引黄灌区节水灌溉定额调研报告［R］. 1999.
[22] 石玉林，卢良恕. 中国农业需水与节水高效农业建设［M］//北京：中国水利水电出版社，2001.
[23] 马啸非. 论甘肃省水资源开发战略［M］//吴普特. 中国西北地区水资源开发战略与利用技术. 北京：中国水利水电出版社，2001：47-56.

[24] 吴普特. 论新疆水资源的开发利用 [M] //中国西北地区水资源开发战略与利用技术. 北京：中国水利水电出版社，2001：47-56.

[25] 吴普特. 宁夏回族自治区水资源开发战略 [M] //中国西北地区水资源开发战略与利用技术. 北京：中国水利水电出版社，2001：47-56.

[26] DOORENBOS J, PRUITT W O. Crop water Requirement [R]. Irrigation and Drainage Paper 24, FAO, Rome, 1977.

[27] JENSEN M E. Consumptive use of water and irrigation water requirement [M]. New York：ASCE, 1974.

[28] ALLEN R G, PEREIRA L S, RAES D, et al. Crop Evapotranspiration—Guidelines for computing crop water requirements [R]. FAO Irrigation and Drainage Paper 56, 1998.

[29] 陈玉民，郭国双. 中国主要农作物需水量等值线图研究 [M]. 北京：中国农业科技出版社，1993.

[30] 沈国舫，王礼先. 中国生态环境建设与水资源保护利用 [M]. 北京：中国水利水电出版社，2001.

[31] 中国水利水电科学研究院水资源研究所. “九五”国家重点科技攻关项目“西北干旱区水资源与生态环境评价研究”研究报告 [R]. 2000.

[32] BERLINER P, RAPP I. 1992, The effect of planting density and intercrop on the productivity of young Acacia saligna shrubs [R]. Israel, 1992.

[33] LOVENSTEIN H M, BERLINER P R, VAN KEULEN H. Runoff agroforestry in arid lands [J]. Forest Ecology and Management, 1991 (45)：59-70.

[34] BEN-ASHER J. A Remote sensing model for linking rainfall simulation with hydrographs of a small arid watershed [J]. Water Resources Research, 1988 (55)：125-156.

[35] 田园著. 田园水利文集 [M]. 北京：中国水利水电出版社，1998.

[36] 张蔚榛. 有关水资源合理利用和农田水利科学研究的几点意见 [J]. 中国农村水利水电，1997 (增刊)：7-13.

[37] 宁夏回族自治区水资源管理委员会. 宁夏水资源公报 [R]. 2000.

[38] 陕西省水利厅. 陕西水资源公报 [R]. 2000.

[39] 青海省水利厅. 青海水资源公报 [R]. 2000.

[40] 甘肃省水利厅. 甘肃水资源公报 [R]. 2000.

[41] 新疆维吾尔自治区水利厅. 新疆水资源公报 [R]. 2000.

[42] 内蒙古自治区水利厅. 内蒙水资源公报 [R]. 2000.

[43] 水利部黄河水利委员会. 2000年黄河水资源公报［R］. 2000.
[44] 姜文来. 水资源价值论［M］. 北京：科学出版社，1998.
[45] 李英能. 试论我国农业高效用水技术指标体系［M］//水利部农村水利司. 节水灌溉. 北京：中国农业出版社，1998：33-37.
[46] 沈振荣. 节水新概念——真实节水的研究与应用［M］. 北京：中国水利水电出版社，2000.
[47] 水利部南京水文水资源研究所，中国水利水电科学研究院水资源研究所. 21世纪中国水供求［M］. 北京：中国水利水电出版社，1999.
[48] AYARS R S，WESTCOT D W. Water quality for agriculture［R］. FAO Irrigation and drainage paper 29，FAO，Rome，1985.
[49] RHOADES J D. Potential for using saline agricultural drainage water for irrigation［M］//Proc. water management for irrigation and drainage. ASCE，Reno NV，1977，85-116.
[50] RHOADES J D. Reuse of drainage water for irrigation：results of Imperial Valley study. I. Hypothesis，experimental procedures and cropping results［J］. Hilgardia，1988，56（5），1-16.
[51] RHOADES J D，BINGHAN F T，LETEY J，et al. Use of saline drainage water for irrigation：Imperial Valley study［J］. Agricultural Water Management，1989（16）：25-36.
[52] 李英能. 水土资源评价与节水灌溉规划［M］. 北京：中国水利水电出版社，1998.
[53] TANJI K K，YARON B. Management of Water Use in Agriculture［M］. New Yok：Springer-Verlag，1994.
[54] KRAMER P J. Water Relations of Plants［M］. New York：Academic Press，1983.
[55] 邓根云，冯雪华. 我国光温资源与气候生产潜力［J］. 自然资源，1980（4）：11-16.
[56] 蒋骏，王立祥. 西北黄土高原旱地作物生产潜力估算公式的研究——以冬小麦为例［J］. 干旱地区农业研究，1990（2）：46-54.
[57] 陶毓汾，王立祥. 中国北方旱农地区水分生产潜力及开发［M］. 北京：气象出版社，1993.
[58] 中华人民共和国水利部. 全国节水灌溉“十五”计划及2010年发展规划［R］. 2000.

[59] 张喜英，刘昌明. 华北平原农田节水途径分析［M］//石元春，刘昌明，龚元石. 节水农业应用基础研究进展. 北京：中国农业出版社，1995：156-163.

[60] SINCLAIR T R，TAANNER C B，BENNETT J M. Water use efficiency in crop production［J］. Biol. Sci.，1984（34）：36-40.

[61] STEWART B A，STEINER J L. Water use efficiency［M］//STEWART B A. Advances in soil science. Berlin Heidelberg，Springer，1990：151-174.

[62] WHITEMAN C E，MEYER R E，1990. Strategies for increasing the productivity and stability of dryland farming systems［M］//STEWART B A. Advances in soil science. Berlin Heidelberg：Springer，1990：347-358.

[63] 米孟恩. 膜上灌经济效益与技术改进［J］. 节水灌溉，1998（2）：98-104.

[64] 中国地膜覆盖栽培研究会. 地膜覆盖栽培技术大全［M］. 北京：农业出版社，1988.

[65] 水利部中国农科院农田灌溉研究所. “九五” 国家攻关专题 “节水灌溉与农艺节水技术”（96-06-02-03）研究报告［R］. 2000.

[66] 甘吉生，朱遐龄. 抑制蒸腾剂的节水机理及应用技术研究验收评价报告［J］. 腐植酸，1996（4）：18-30，8.

[67] SMIKA D E，UNGER P W. Effect of surface residues on soil water storage［M］//STEWART B A. Advances in soil science. Berlin Heidelberg：Springer，1986：111-138.

[68] UNGER P W. Conservation tillage systems［M］//STEWART B A. Advances in soil science. Berlin Heidelberg：Springer，1990：28-68.

第五章　西北地区灌溉农业节水潜力的开发

西北地区气候蒸发潜力大，降水量少，因此农田灌溉需水量较大。另外，灌溉过程还在一定程度上担负着为周边人工生态植被供水的责任。这些都是造成西北地区灌溉定额明显高于其他地区的客观原因[1]。但是，由于工程建设、灌溉管理、用水观念等方面存在的问题，致使西北地区灌溉过程中水量严重浪费现象普遍存在，也是造成西北地区单位面积用水量过大的一个很重要的原因[2]。第四章对西北地区灌溉农业的节水潜力进行了量化的表达，本章根据这些节水潜力数值所反映出来的问题，结合西北地区的生产实际，从技术、经济、政策等角度对该区域灌溉农业节水潜力的开发进行必要的分析和探讨。

第一节　西北地区灌溉农业节水潜力的区域分布

西北地区是一个范围很广阔的区域，涉及 6 个省区、340 多万平方千米的土地面积。由于在水土资源匹配、灌溉工程基础设施、社会经济发展状况，以及农田用水管理水平等方面都存在着很大的差异，因此各地的灌溉农业用水现状各不相同，也造成各子区域的灌溉农业节水潜力具有明显的差异。这些差异不仅体现在节水潜力本身的数值上，更体现在这些节水潜力开发的必要性和开发模式上。这就要求西北不同地区在节水潜力开发过程中，要对当地的情况做具体分析，并有针对性地制定相应的开发战略及开发模式。

一、灌溉用水现状与狭义节水潜力的区域分布

表 5-1 显示的是西北各区域与灌溉用水现状和节水潜力有关的几项数值[3]。其中实际用水量与需水量的比值是利用 2000 年统计的有效灌溉面积和灌溉用水量，以及第四章确定的灌溉需水量数值计算得到的。列出的以单位面积为基础的估算节水潜力和实际狭义节水潜力值，是以第四章确定的区域节水潜力值和区域有效灌溉面积为基础计算的。

实际用水量与灌溉需水量的比值可在一定程度上反映区域的用水现状。从表中的有关数据分析，西北地区不同区域的用水现状具有非常大的差异。实际用水量最大可达灌溉需水量的3.83倍，出现在青海的黄河流域，表示该地区在灌溉过程中有近3/4的水量是以渠系渗漏、田间渗漏及地面径流的形式流失掉了，反映出灌溉过程的用水效率极低，水量浪费现象严重。表5-1中实际用水量与灌溉需水量的最小比值为0.55，出现在内蒙古自治区的内陆河地区，反映了问题的另一个极端。当然0.55的比值并不是说明内蒙古内陆河地区以占作物灌溉需水量55%的水量解决了自己的灌溉问题，而是说明该区域存在着严重的供水不足问题。这种供水不足可以通过两种形式体现，一种形式为灌溉的水量没有达到实际需求（可表现为灌水定额太小或灌溉次数不足），另一种形式为灌溉的面积没有达到有效灌溉面积，即部分可以灌溉的面积因为供水不足而得不到灌溉，这种失灌现象在很多地区都存在[4]。

表5-1　西北各区域的灌溉用水现状与节水潜力

省区	实际用水量与需水量之比	估算节水潜力（m^3/亩）	实际狭义节水潜力（m^3/亩）
内蒙古	1.35	129.6	87.0
黄河流域	1.52	160.4	107.7
内陆河	0.55	0.0	0.0
陕西	1.27	39.8	31.4
甘肃	2.12	220.5	78.2
黄河流域	1.88	141.4	81.0
内陆河	2.22	275.2	76.0
青海	2.78	329.7	199.7
黄河流域	3.83	362.6	238.6
内陆河	1.78	231.6	86.0
宁夏	3.18	780.4	67.7
新疆	2.09	255.7	79.2
西北地区	1.99	228.3	228.4

以区域平均值为基础比较可以看出，宁夏和青海（尤其是黄河流域）的实际用水量与灌溉需水量的比值要明显高于其他地区，分别为3.18和2.78；

新疆和甘肃处于下一个层次，分别为 2.12 和 2.09；陕西和内蒙古的比值较低，分别只有 1.35 和 1.27。

如果不考虑生态需水、洗盐用水及灌溉水的回归等方面的水量，只单纯从实际使用了的水量与应当灌溉的水量的角度进行比较，以亩为面积基本单位计算确定的狭义节水潜力值就是表 5-1 第 3 列所显示的估算节水潜力。第 2 列的比值是一个相对的概念，第 3 列的潜力值则显示的是超量灌溉的绝对数值。有关数据显示，宁夏每亩灌溉农田超额使用了 780.4 m^3，其次为青海，每亩超额 329.7 m^3；新疆、甘肃和内蒙古的数值分别为 255.7 m^3 和 220.5 m^3 和 129.6 m^3；而陕西的估算节水潜力值为 39.8 m^3，说明从区域的角度出发，可节约水量的空间已经很小。

表 5-1 的第 4 列显示的是扣除供给人工生态系统的水量和最终又回归到区域水体中的水量后，单位面积实际灌溉用水量中的狭义节水潜力值，表示为实际节水潜力。这一潜力值接近于水资源专家所谓的“真实节水量”，减少这部分水量可以降低灌溉过程对区域水资源的消耗量。从表中给出的数据看，节水潜力最大的是青海的黄河流域，为 238.6 m^3/亩，其次是内蒙古的黄河流域灌区，为 107.7 m^3/亩，其他区域的数值大都介于 60~90 m^3/亩，只有陕西黄河流域为 31.4 m^3/亩。

以西北地区作为一个总体考虑，其实际灌溉用水量与灌溉需水量的比值为 1.99，计算狭义节水潜力和实际狭义节水潜力分别为 228.3 m^3/亩和 76.5 m^3/亩。但在其区域内部，却存在着实际用水与灌溉需水比值分别为 3.83 和 0.55 的区域，狭义节水潜力值也存在着巨大的差异。以此推理，表 5-1 所示的区域平均数值也在很大程度上掩盖了其内部下一级子区域之间的差异。实际上，在引水灌区和提水灌区，引水灌区和井灌区，以及内陆河的上游灌区和下游灌区之间，在用水模式和狭义节水潜力上都存在着很大的差别[5]，需要在各地节水潜力开发过程中加以仔细的分析，以便为当地狭义节水潜力的开发选择适宜的节水途径和恰当的节水技术措施。

二、广义节水潜力的区域分布

以各省区计算确定的广义节水潜力总值为基础，除以相应的有效灌溉面积，可以确定西北各省区以单位面积估算的广义节水潜力值，结果如表 5-2 所示。

表 5-2 西北各省区单位面积的广义节水潜力值

省区	广义节水潜力（m³/亩）	来自产量提高		来自覆盖和水稻节水	
		潜力值（m³/亩）	所占比例（%）	潜力值（m³/亩）	所占比例（%）
内蒙古	265.9	185.2	69.6	80.7	30.4
陕西	146.2	61.7	42.2	84.4	57.8
甘肃	240.2	171.3	71.3	68.9	28.7
青海	117.2	40.3	34.4	76.9	65.6
宁夏	301.2	226.5	75.2	74.7	24.8
新疆	266.4	185.0	69.4	81.4	30.6
西北	240.8	161.2	67.0	79.6	33.0

表中的数据显示，广义节水潜力在区域之间的差异明显小于狭义节水潜力。最高值为宁夏的 301.2 m³/亩，最低值为青海的 117.2 m³/亩。这一结果主要是由广义节水潜力的形成基础所决定的。广义节水潜力主要来源于作物单产水平的提高，要占到总节水潜力的 67%以上，其余部分来源于地表覆盖节水和水稻控制灌溉模式的节水效果，占总量的 33%左右。由于作物产量水平的提高要受到很多因子的影响，是各方面作用的一个非常综合的体现，包括社会进步和技术进步，因此各个省区的单产提高比例不会存在十分明显的差异，也就造成西北各省区广义节水潜力相差不是太大的结果。青海地区广义节水潜力的偏低并不是由于作物单产增加幅度要低于别的省区，主要的原因是青海地区作物基础用水量数值要明显低于别的省区，而广义节水潜力与作物基础用水量又呈现正比例关系所致。

来自地面覆盖和水稻节水的广义节水潜力值有着比较大的差异。这主要是由于各省区水稻种植比例有着较大的差异所致，因为在计算区域广义节水潜力值时，各省区覆盖措施的节水效果和应用面积的比例都采用的是同一数值。

第二节 西北地区灌溉农业节水潜力价值的体现方式

灌溉农业节水潜力是由多个方面组成的，因此当这些潜力实现时，并不一定都能体现为减少了区域水资源消耗量，或是能从现有用于灌溉的水量中调出相等的水量，用于满足城市供水或扩大灌溉面积的需求。灌溉农业节水潜力实现后，其价值应当体现在节水农业发展目标实现程度的提高上。由于节水农业的发展目标包括多个方面，因此灌溉农业节水潜力实现后其价值的体现方式也是多样化的。

一、狭义节水潜力价值的体现方式

依据狭义节水潜力的定义可知，狭义节水的实现，主要体现在灌溉过程中输配水效率的提高上，即减少了灌溉过程中在渠系输水和田间配水过程中的水量损失。在现有灌溉用水总量中，超过田间灌溉需水量（包括洗盐用水），并在输配水过程中损失掉的那部分水量，其消耗的途径大致有3个[6]：一是被需要维护的生态植被所消耗（生态需水）；二是被裸地（或水体）表面蒸发、潜水蒸发及不需要维护的植被的生长过程所消耗；三是以地面排水或入渗至地下水体的形式回归到区域水资源系统之中。通过采取适宜的节水技术措施提高渠系水利用系数和田间水利用系数之后，从这3个途径中节省下来的水量可以通过如下几种方式分别体现其价值。

（一）提高生态用水的保障程度

现状灌溉用水总量中，有部分水量是被灌区内需要人工维护的生态植被所消耗。严格地讲，这部分水量不应该计算在狭义节水潜力的范围内，因此在计算实现狭义节水潜力已予以扣除。这部分水量的消耗是有其价值的，但供给的方式却值得商榷。在现有条件下，这部分水量是与农田灌溉用水一起供给的，这样做的好处是不需要额外投资与管理，但缺点也很明显。一方面是供给数量无法很好地控制，灌溉用水量大，供给的水量就多，植被生长就好；如果当地农田失灌严重，供给数量也就相应减少，植被生长就差，甚至可能消亡；另一方面是这部分水量的供给与灌溉输配水系统的建设相矛盾。在渠道衬砌，甚至实行管道输水的情况下，是很难同时兼顾这部分用水的。因此建议在灌溉农田节水潜力计算时将这部分用水量包括在节水潜力中，而在计算区域水资源需求时再对这部分用水单独加以考虑。在条件许可的情况下，将这部分用水与农田灌溉用水分系统供给。这样可以提高对这部分用水量的控制程度，在避免浪费的前提下，极大地提高这部分生态用水供应的保障程度。

（二）减少水资源消耗量

在灌溉输配水过程中，渠系渗漏、运行溢水及地面径流的发生会在很大程度上加大表层湿润的区域，有时还会形成地面积水。通过这些湿润区域及水面上的蒸发过程，以及通过这些水分供给的植被的蒸腾过程，不可避免地会损耗大量的水分。此外，在部分地区，灌溉过程中的大量失水会抬高地下水位，从而使区域内的潜水蒸发大量增加。如果这些水量损失超出了人工维持植被生态需水的范围，就会成为无效水量损失。由于这部分水量的消耗既不会对作物生产形成任何有益的帮助，又不是维持区域生态环境所必需的，因此通过节水措施的实施减少这部分水量，可以有效地减少灌溉过程对区域水资源的消耗量，从而缓解区域水资源的供需矛盾。此外，节省下来的这部分水量还可以用于供给区域其他用水过程的需要，例如，供给城市用水、扩大灌溉面积等。应当说，减少这部分水量损失是灌溉农业节水潜力开发的最主要目标[7]。

（三）减少水资源时段需求量，提高水资源利用价值

灌溉过程中损失的水量，有相当一部分又以地面径流汇入地表水体，或通过入渗汇入地下水体的形式回归到了区域水资源系统中。从水资源总量的角度看，灌溉过程中损失的这部分水量不能算作真正意义上的水量损失，通过改造灌溉输配水系统来减少这部分水量，对于区域可利用水资源总量来讲，也没有实质性的意义。有鉴于此，部分水资源专家认为这部分节水潜力的实现不能称为真实的节水[7]。更有部分学者认为，花费大量的人力和财力，通过衬砌渠道及发展管道输水来节省这部分水量是完全没有意义，也没有必要的。应当说，这种观点有一定的道理，但也具有很强的片面性。因为单从水资源总量没有变化这一点出发是无法真实全面体现这部分节水潜力实现的价值，主要原因有以下几个方面：一是这部分回归水量的形成是以地面湿润比例大幅度提高，甚至有可能出现地表积水和地下水位抬高现象为前提的。因此，如果不减少这部分水量损失，上面提到的通过减少无效表面蒸发蒸腾过程，从而减少对区域水资源消耗量的节水效果是根本不可能实现的。二是灌溉过程中输配水系统的大量失水，必然会加大一个特定灌溉时段的引水量，从而减少相同时段内其他区域的可用水量。由于灌溉过程中损失的水量需要通过一定的过程才能重新转化为可以利用的水资源量，因此可能会产生需求与供应上的时间错位。在我国的北方地区，特别是在灌溉只起补充供水作用的区域，灌溉的时效性特强，水资源供需在时间上的这种错位，会在很大程度上降低这些回归水资源的利用价值[8]。三是由于灌溉系统的供水能力通常是有一定限度的，灌溉过程中大量的输配水损失会在无形中延长灌溉区域的轮灌周期，这就增加了灌溉超前和灌溉不及时区域所占的比重，使区域整体的作物生产遭受损失。四是有些灌溉区域为单纯的引水灌区，通过地表径流或地下渗漏损失的水量是不可能在该区域范围内被再次作为水资源利用的。虽然这些水量有可能最终成为其他区域的水资源，但是否能够再次有效利用就很难判断了。由此可见，这部分节水潜力实

现后的价值还是能够得到很好体现的。

（四）降低运行成本，防止土壤次生盐碱化和水环境污染

引用的灌溉水再大量排出去，会在无形中增加灌溉系统的建设和运行成本。如果是提水灌区或井灌区，这种成本增加幅度将会是十分可观的[9]。此外，灌溉过程中产生大量的地面径流和深层渗漏，会造成土壤营养元素，特别是氮素的大量流失，不仅影响肥效的发挥，长此以往还会对区域水质产生重大影响。此外，灌溉过程中的大量水分损失还有可能造成局部区域土壤次生盐碱化，从而加大洗盐压碱的水量需求，形成恶性循环[10]。

通过这些分析可以看到，采取措施减少灌溉过程输配水系统的损失，不仅会产生显著的节水效果，而且具有显著的经济意义。因此，在条件许可的情况下，最佳的方案是建设输配水效率非常高的灌溉系统，通过减少灌溉过程中需要动用的水量来维护区域水资源的平衡和可持续利用。

二、广义节水潜力价值的体现方式

根据广义节水潜力的定义可知，广义节水潜力是通过提高基础用水量的利用效率来实现的。因此，广义节水潜力实现后，其价值的表现方式就体现了许多与狭义节水潜力价值体现方式的不同之处。

（一）减少水资源消耗量

这一方面主要是通过减少旱作物棵间蒸发损失，以及减少水稻生育期间的棵间水面蒸发和深层渗漏损失来实现的。作物采用覆盖措施后，棵间土壤表面蒸发量可以得到明显的控制，土壤中贮存的水分可以更多地为作物蒸腾过程所利用[11]。覆盖可以减少土壤表面蒸发量，但同时也会对被覆盖的作物的生长过程产生促进作用，从而增加作物生长的耗水量，如果作物耗水的增加量小于因覆盖而减少的土壤蒸发量，这一差值就可以使作物的灌溉需水量减少，从而直接减少对水资源的需求量。

目前在水稻上得到大面积推广应用的控制灌溉技术，适当地增加了晒田的时间，从而使水稻生育期间的棵间水面蒸发量和深层渗漏量有明显的减少。与常规浅灌相比，这部分减少的水量也可以直接体现在灌溉需水量的减少上[12]。

此外，作物产量水平的提高，可以显著地提高社会所需农产品供给的保障程度，从而减轻了灌溉面积扩大的社会需求程度，也会在很大程度上减缓水资源的开发利用速度，这是广义节水潜力价值的潜在体现。当然了，如果因产量水平提高而造成农产品供给过剩，是完全有可能通过灌溉面积的下降而将广义

节水潜力实现的价值直接表现为减少了区域水资源消耗利用量的。

（二）增加农产品供给量

提高作物产量，增加区域农产品总供给量是广义节水潜力价值的最经常的体现形式。根据中国工程院的研究[2]，到 2010 年和 2030 年，西北地区人口的继续增加和人民生活水平的不断提高，将使粮食的需求量比现在有很大程度的增加，具体数值如表 5-3 所示。从表中的数字可以看出，整个西北地区的粮食产量，2010 年要分别比现在提高 17.5%和 20.0%，2030 年要分别比现在提高 39.8%和 48.3% 才能基本满足人口增加预测低方案和高方案下的粮食自给需求。因此，为了满足西北地区未来社会发展对粮食的需求，该区域广义节水潜力的很大一部分将通过在不增加灌溉水资源利用量的前提下持续提高区域作物产量水平的方式来实现。

（三）为农业结构调整提供保障

随着社会的不断发展，在粮食供给得到充分满足的基础上，种植业的结构会不断进行调整，以满足社会对其他农产品需求的不断增加。这种结构调整有时需要更好的水分条件作保证，表现在以下几个方面：一是优质但水分利用效率低的农产品会有所发展，优质硬粒小麦、高赖氨酸玉米近些年的发展就是这样的例子；二是蔬菜、果树、瓜类的种植比例会适度提高；三是牧草和青饲料的面积会不断增加，以满足农区畜牧业发展的需求；四是药材、花卉等特种农产品种植面积会继续扩大，以满足农民经济收入迅速增加的需要。当然了，种植结构调整还会有许多其他的表现形式。应当讲，农业产业结构的这些调整，是与粮食作物产量水平的迅速提高分不开的。正是由于粮食供给问题得到了很好的解决，才使这样的结构调整有了巨大的空间，并且能够得以稳定的发展，因此也是广义节水潜力价值的一个很好的体现方式[2]。

表 5-3　西北地区不同时期粮食需求量　　单位：$\times 10^8$ kg

地点	现状总产量	2010 年需求量		2030 年需求量	
		人口低方案	人口高方案	人口低方案	人口高方案
内蒙古	142	109	112	130	138
陕西	104	168	171	199	212
甘肃	77	117	120	139	148
青海	13	23	24	28	29

（续表）

地点	现状总产量	2010年需求量		2030年需求量	
		人口低方案	人口高方案	人口低方案	人口高方案
宁夏	26	25	25	30	31
新疆	83	81	82	96	102
合计	445	523	534	622	660

注：内蒙古和陕西数字为全省（区）数值；引自《中国农业需水与节水高效农业建设》第73页。

第三节 西北地区灌溉农业节水潜力开发的技术途径

一、狭义节水潜力开发的主要技术途径

狭义节水潜力主要来源于灌溉过程中减少输配水系统的水量损失。因此，狭义节水潜力开发时技术途径的确定和技术措施的选择主要围绕着提高输配水系统的用水效率进行。针对西北地区当前的灌溉用水实际情况，开发狭义节水潜力的主要技术途径包括如下几个方面[13-14]。

（一）完善现有灌区的灌溉基础设施

直接从河道引水灌溉是西北地区主要的灌溉供水模式。这些灌区普遍存在的问题是建设标准低，渠系配套性差，加之管理和维护跟不上，经过几十年的运行后，工程破坏、设备老化现象严重，这是造成灌区输配水过程用水效率低下的一个很重要的原因。因此，为了开发这些地区的狭义节水潜力，迫切需要对灌区现有的灌溉基础设施进行大幅度的维护与改造，使其适应新形势下灌溉管理的需求。目前，中央财政已部署安排了大量的资金，对大中型灌区实行以节水为中心的技术改造，为提高西北地区现有灌区的用水效率创造了良好的条件。

完善灌区的灌溉基础设施包括几个方面[15-18]。一是对输水系统进行较高规格的防渗处理，条件许可时可采用管道供水，以减少渠系渗漏比率；二是配套完善各级供水渠系，形成布局合理，相互配套的供水体系；三是加强田间工程建设，平整土地，建立合理的畦田规格，尤其是要逐步消除超长超宽畦田，更要杜绝大水漫灌；四是在输配水系统上建设足够数量的水量量测与控制设施，为灌溉过程的科学管理提供必要的基础。其中第四条是最容易被忽视，但对科学灌溉又是至关重要的一点。如果没有适宜的用水量监测设施，用了多少

水始终是一笔糊涂账；此外，如果缺少必要的用水控制设施，需要水时不能及时供应，灌水定额达到后又不能及时中止供水，这种情况不仅使节水工作无法开展，而且使后续的水权转让及水费征收等工作也难以科学实施。

在西北地区，特别是干旱地区，实施供水渠系防渗处理时要很好处理渠系防渗节水与人工生态植被供水，特别是农田防护林网体系供水之间的矛盾。通过选择适宜的防渗比率，或是建立单独的生态供水通道，使得防渗节水与生态需水得到很好兼顾。

（二）在引水渠灌区适度发展井灌

在许多渠灌区现有的大流量引水灌溉模式下，减少灌溉定额是一件非常困难的事情。缺少水分量测与控制设施是问题的一个方面，有大量的水分可用，并且缺乏节水意识是问题的另一个方面。长期用水过量，使得一些沿黄引水灌区和新疆内陆河流域的引水灌区的地下水位抬高，土壤发生严重的次生盐碱化，不仅严重影响着农业生产的发展，还使得每个生长季都要通过大幅度的超量灌溉来压盐压碱，以便能够为作物的正常生长创造必要的土壤环境条件。这种大引大排的供水模式使得这些地区的灌溉定额很大，水资源浪费也十分严重。研究结果指出[2,19]，在这些地区适度的发展井灌，使地下水位降到合理的深度，然后通过合理的引水洗盐排盐，可以使盐碱问题得到很好的控制，同时起到显著的节水效果。目前这种技术难以实施的主要障碍因素是经济问题，因为打井需要投资，更重要的是井灌的运行费用要比渠灌高得多。

（三）推广先进的地面灌溉技术，适度发展喷灌和微灌

国内许多研究结果和国外大量的生产应用实践都表明改进地面灌溉技术和喷、微灌技术是提高灌溉水利用率的有效途径[20-22]。比较适用于西北地区大面积推广应用的改进地面灌溉技术主要包括：以激光平地为基础的水平畦田灌[23-24]、水平沟灌、波涌灌[25-26]。此外，在我国新疆地区发展起来的膜上灌溉（也称膜孔灌）技术，在提高田间灌溉效率方面也显示了良好的作用[27]。这些改进地面灌溉技术的应用，一是需要一定的前期投资；二是要求较高的灌溉运行管理水平。此外，膜上灌溉技术的应用还需要对残膜的污染问题给予足够的重视。

喷、微灌系统以其输水全部管道化、灌溉快速灵活、供水量极易监测与控制等特点，在节水效果上显示了明显的优势[28-29]。特别是滴灌，在上述优势的基础上进一步实现局部供水，从而兼有了明显减少棵间地面蒸发的作用[30-31]。当前，喷、微灌在我国西北地区的进一步推广应用遇到了一些问题，

其中最为主要的限制因素是喷、微灌系统的建设投资大，并且运行成本也很高。由于节水所产生的效益通常很难消化成本的这种增加，所以很多情况下喷、微灌表现在经济上是不可行的。此外，喷、微灌系统的规模化运行方式与我国当前以家庭承包为主体的土地分散经营方式也有些不协调，也是造成这项节水效果明显的技术难于大面积推广应用的重要因子之一。因此，西北地区当前喷、微灌发展应主要集中在实行规模化生产经营的农区，其中喷灌发展重点在沙性土壤及土地不太平整的区域，而微灌应主要集中在果树、棉花等经济价值高的作物，以及日光温室之内。随着西北地区经济的发展和水市场的发育和完善，相信喷、微灌系统会有越来越大的发展空间，并在西北地区狭义节水潜力的开发中起到越来越大的作用[32-33]。

（四）提高灌溉管理水平

建设良好的灌溉基础设施只能说是为灌溉水利用率的提高打下了必要的基础，而灌溉过程中输配水效率的真正提高，还有赖于在良好的基础设施上实行科学的灌溉管理[34-35]。即便使用喷灌或滴灌系统，如果管理不当，所产生的水量损失完全有可能比地面灌溉系统的还要高，这时“管理出效益”的看法就会得到很好的佐证[36]。灌溉用水管理水平的提高，需要从几个方面开展工作[37-40]。一是加强区域水资源的管理和调配，制定科学合理的灌溉制度和水源调配方案；二是加强区域土壤墒情和作物需水状况的监测与预报，做到适时适量供水；三是加强用水量的量测与控制，保证制定的灌溉方案能够准确实施。

以良好的基础设施和高水平的灌溉管理为依托，不仅能够大幅度地提高灌溉输配水系统的用水效率，而且能为作物生长发育过程提供更可靠的水分保障。

二、广义节水潜力开发的主要技术途径

与广义节水潜力开发直接相关的技术措施可以分为两大类，一类可以直接减少作物生育期内的无效水分消耗量；另一类能够改善生长条件，提高作物产量水平。在系统总结分析的基础上，认为西北地区当前开发广义节水潜力的主导技术措施可以概括为如下几个方面。

（一）减少无效水分消耗

无效水分消耗，对水稻而言要包括棵间水面蒸发和深层渗漏，对旱作物来说主要是指棵间土壤表面蒸发。

减少水稻生育过程中的无效水分消耗，最主要的，也是最有效的方法是采用新的水稻节水灌溉技术[12,41]，包括在广西大面积推广应用的“浅、薄、湿、晒”模式，在福建等地推广应用的“薄露灌溉”模式，以及在山东等地推广应用的“控制灌溉”模式。这些水稻节水灌溉模式在当地应用都具有明显的节水效果，并伴随着一定的增产作用。西北地区要做的主要是对这些模式进行引进和消化吸收，并在进行一定量的灌溉试验基础上，对这些模式加以改进和提高，形成适合西北地区条件的新模式。在模式成熟之后，还需要建立推广应用的领导和技术服务体系，以保证水稻节水灌溉模式能够在大区域范围内快速得到普及应用。

减少旱作物生育期间的棵间土壤表面蒸发量，目前较为成熟和有效的技术措施仍是地面覆盖[42-43]。从覆盖材料来看，当前主要有地膜覆盖和秸秆覆盖两大类。从节水效果上来讲，地膜覆盖最好[44]。在我国新疆等地以地膜覆盖为基础，采取膜上灌溉，将节水保墒与提高灌溉效率很好地结合了起来，已有一定面积的推广应用。近几年，地膜覆盖结合滴灌供水，在经济作物种植中也有迅速扩展的趋势，特别是新疆的棉花种植，已形成一定的规模，取得了较为明显的效果。但是，地膜覆盖后残膜对土壤环境和周边生态环境的影响已经引起越来越多的关注，在不能很好解决环境保护问题的情况下，地膜覆盖的发展前景是不容乐观的。

利用作物秸秆或其他天然有机物进行地面覆盖减少棵间土壤表面无效蒸发量，可以很好地消除薄膜覆盖所引起的环境问题，并且具有一定的保墒效果。但是，一些研究结果也显示，由于秸秆在降雨和灌溉过程中会吸收很多的水分，同时秸秆覆盖只是在一定程度上增加了土壤表面水分散失的阻力，并没有完全隔绝水汽散失的能道，因此秸秆覆盖的节水效果一是幅度较小，二是不太稳定，不同的研究结果之间具有很大的差异。另外，在灌溉农田上采用秸秆覆盖措施，会在很大程度上影响灌溉过程，造成水流阻力的增加，有可能会因此而增加灌溉用水量，从而产生较多的深层渗漏。此外，在田间覆盖秸秆是一项比较费时费工的活动，还会在一定程度上对下季作物的耕作产生影响，特别是对于密植作物和需要间作、套种或抓紧季节进行平播复种的地区，这种影响更是不容忽视。由秸秆覆盖节水产生的效益，很多情况下连支付覆盖过程增加的劳动力费用都不够，也是影响这项节水技术措施应用程度的一个非常重要的因子。因此，为了使这项节水技术措施得到更为广泛的应用，尚需要进行许多的研究工作，要准确确定秸秆覆盖在灌溉农田上应用后的节水效果，要探索覆盖方式与灌溉方式的合理组合模式，以及研究秸秆覆盖过程和覆盖后下季作物整地播种的机械化实施方式。将秸秆覆盖节水和秸秆还田肥土作用有机地结合起来可能是解决有关问题的出路所在[45-46]。

（二）选择适宜的作物、品种和种植模式

在作物种类的选择上，适应西北地区域气候条件和水资源供给条件，具有很好的产量表现是重要的条件之一，但同时还要对产品的社会需求和经济价值进行充分的考虑。在品种的选育上，除了传统的高产、抗病、抗倒等性状外，还应当把高水分利用效率（*WUE*）作为品种选择的重要性状之一[47]，同时对产品的品质也要予以足够的考虑，使最终选择的品种能将节水、高产和高效益很好地统一起来。

另外，根据区域气候与水资源特征，选择适宜的耕作栽培模式也是提高农田生产水平的一个有效途径[48-49]。像间作套种，可以很好地利用不同作物在生长特性和环境需要方面的互补性，充分利用土地资源和光温资源，在需水量增加很少的情况下，使单位耕地面积的产量有较大幅度的增加。此外，像深耕、深松及免耕等一些耕作技术，应用得当能够更好地接纳和利用自然降水，促进作物的生长发育，最后达到提高作物水分生产效率的目标。

（三）合理施肥

在品种选择得当、供水良好的条件下，作物产量水平潜力值能够实现的程度就与肥料施用的合理与否有着很大的关系[50]。关于作物营养与水肥耦合关系，目前全国各地都有许多的研究成果，西北地区在这一方面的工作不在于继续取得新的研究成果，而应当将重点放在已有研究成果的推广应用上。一是要使研究成果充分发挥其效果，二是要使研究成果得到大面积的推广应用，后者的作用可能更为关键。

水肥耦合技术在西北地区的推广应用，除了开发广义节水潜力外，另一个重要的目标是提高肥料的利用效率。肥料利用效率的提高不仅是经济上的需求，更重要的是保护区域水环境的需要。大量的水分损失，如果再加上不合理的肥料利用模式，将会有大量的营养元素流入区域水体，长此以往，对区域水环境将会产生严重的威胁，应该引起足够的重视。

（四）提高灌溉保证率

在提高作物生产水平的诸多因子中，灌溉无疑是作用最为显著的一个。中华人民共和国成立以来，西北地区农业生产水平的迅速提高，灌溉面积的发展在其中起了决定性的作用。在近些年节水农业的发展过程中，人们对灌溉用水总量的减少和非充分灌溉的发展给予了特别的关注，但把提高灌溉保证率的问

题几乎完全忽视了。实际上，提高灌溉保证率是提高作物产量水平最为重要的因素，无论对单位面积产量的提高、还是对区域平均产量的提高都是如此。

表 5-4 是西北各省区 2000 年有效灌溉面积、有效实灌面积和旱涝保收面积的统计数据。数据显示，西北地区的平均实灌率接近 90%，也就是说每年都有大约 10% 的有效灌溉面积是不进行灌溉的。其中陕西的实灌率只有 80.5%，失灌现象更为严重。

表 5-4　西北各省区 2000 年灌溉面积统计数值

省区	有效灌溉面积（$\times10^4$亩）	有效实灌面积（$\times10^4$亩）	实灌率（%）	旱涝保收面积（$\times10^4$亩）	保灌率（%）
内蒙古	3 557.5	3 108.8	87.4	1 952.0	54.9
陕西	1 966.4	1 583.1	80.5	1 329.9	67.6
甘肃	1 705.5	1 471.5	86.3	1 404.6	82.4
青海	373.8	310.7	83.1	220.5	59.0
宁夏	600.8	570.6	95.0	563.5	93.8
新疆	4 691.8	4 520.2	96.3	3 374.2	71.9
西北合计	12 895.9	11 564.8	89.7	8 844.6	68.6

从旱涝保收面积所占比例来看，情况更不容乐观。西北地区的保灌率平均只有 68.6%，这意味着该区域约有 1/3 的灌溉农田的灌溉供水存在很大问题，在发生较为严重的干旱，或水资源供应紧张时就不能得到很好的灌溉，从而造成严重的产量损失。从各省区的具体数值看，内蒙古最低，保灌率只有 54.9%，这应当是造成内蒙古全区 2010 年和 2030 年可实现狭义节水潜力计算数值为零的主要原因（表 4-28 和表 4-33）。在内蒙古自治区区域内，内陆河流域的实灌率和保灌率更低，以致出现了现状灌溉用水远远低于灌溉需水量，使计算的区域狭义节水潜力为负值的情况（表 4-17）。

陕西省 2010 年和 2030 年的可实现狭义节水潜力也是零值。这一结果并不是说明陕西省 2010 年和 2030 年的灌溉用水过程中，输配水系统就不存在水量损失了。狭义节水潜力零值只是表明，以 2010 年和 2030 年所能达到的灌溉水利用系数值计算，即使灌溉用水量在现有基础上一点也不减少，仍不足以满足有效灌溉面积上的作物灌溉需求。由于陕西省的现状灌溉水利用系数要远低于 2010 年和 2030 年的数值，因此可以判定，在现有灌溉用水状况下，现状灌溉用水量根本无法满足现有有效灌溉面积上的作物灌溉需求。这就意味着要么是有相当大的一部分灌溉农田供水不足，要么是有一少部分灌溉面积根本就得不到灌溉。这种现象在西北的其他省区也同样存在，只是存在的区域不大，所产生的影响也较小，以至被其他区域灌溉用水过量的现象完全掩盖掉了。

需要指出的是，供水不足并不等同于非充分灌溉，失灌更不是非充分灌溉。灌溉供水不足是许多地区灌溉农田平均产量低下的一个很重要的原因。相比较而言，进一步提高供水良好的灌溉农田的产量水平已很困难，而对于灌溉不充足的地区，提高农田灌溉的保证水平，就可以使其产量水平有质的飞跃。因此，为了提高区域农业生产的整体水平，充分挖掘广义节水潜力，在广泛应用先进适宜的农作技术的同时，还必须采取行之有效的措施，提高区域灌溉农业的整体灌溉保证率。为此需要做好几方面的工作，一是建设高标准的灌溉输配水系统，二是采用科学合理的农田水管理体系，三是搞好区域水资源的统一调配，特别是同一流域内上下游之间的水资源调配，使区域内部能有尽可能多的农田得到充分的供水，保证区域农业生产水平的整体快速增长[51-52]。

（五）抓好中低产田改造

在西北地区，灌溉区域内的中低产田还占有相应的比例。在这些中低产田中，阻碍生产发展的主导因子是盐碱危害和涝渍灾害。不提高这些区域的生产水平，会在很大程度上阻碍省区整体广义节水潜力的开发进程。盐碱危害和涝渍危害的发生和形成，地下水位太高是最重要的原因，因此如何将地下水位控制在适宜的范围内就成为解决问题的关键[53-54]。对于地下水的控制，一是要建设良好的排水工程，保证多余的水分能够顺利地排出去，同时也能够把多余的盐分排走。二是要选择适宜的供水和用水模式，使区域水分运移和转化向有利于抑制盐分的上升和排除的方向发展，在这些灌渠灌区适度发展井灌被认为是行之有效的方法之一[2,55]。

第四节　西北地区节水潜力开发的投入需求与经济效益问题

一、西北地区节水潜力开发的投入需求

现状灌溉用水存在严重的浪费，这是客观事实。造成这种状况的原因，一方面是灌溉工程基础设施条件差；另一方面是灌溉管理水平低，这已成为业内的共识。开发节水潜力，就需要改变这种状况，包括改善灌区的基础设施条件及提高农田用水管理水平。

实现这些改变是需要投入的，包括工程建设投入和工程维护管理的人员投

入。表 5-5 是水利部门进行“十五”节水灌溉规划时采用的发展节水灌溉投入水平指标[56]。数据显示，在西北地区每发展 1 亩节水灌溉工程面积，大约需要投入 270~350 元，而每发展 1 亩农作节水措施面积，也需投入 40~50 元。按照中国工程院有关研究的预测[2]，至 2030 年，为了实现全国灌溉水利用系数由现在的 0.45 提高到 0.70 左右，水分生产效率由现在的 1.1 kg/m^3提高到 1.5~1.8 kg/m^3的目标，总共需要投资 3 500 亿~4 500 亿元。

表 5-5　西北地区节水灌溉面积发展投入水平

指标	项目	黄河中上游区	内陆河区
“十五”期间发展节水灌溉面积（$\times10^4$亩）	工程面积	1 200	900
	农艺措施面积	1 200	700
	合计	2 400	1 600
投资合计（$\times10^8$元）	工程面积	42.1	24.4
	农艺措施面积	5.1	3.6
	合计	47.3	28.0
平均投入水平（元/亩）	工程面积	351.2	271.6
	农艺措施面积	42.6	50.5
	合计	196.9	174.8

二、节水潜力开发的经济效益问题

严格意义上讲，节水活动只是整个农业生产体系中的一个环节[57-60]。在市场经济条件下，节水技术的实施应当体现为农业生产经营中的一个过程，节水是一种手段，而非最终的目标。节水潜力的开发需要足够的资金投入，因此节水后能够获得什么样的经济回报就在很大程度上决定着一项节水技术能否被广大用水者所接受，进而决定着这项节水技术能在节水潜力开发中发挥多大的作用[56]。从当前节水农业发展的实际情况看，许多节水技术措施在投入产出方面的表现都不是太好，这样就很难调动最终用水者采用这些节水技术措施的积极性。由于经济效益不好，许多地方政府和水管理部门因此缺少了推动节水农业发展的主动性，形成了许多地区节水农业发展主要依靠国家投资和行政驱动的局面，这样就很难保证节水农业能够持续稳定发展。

影响节水技术实施经济效益的因素是多个方面的。有节水技术本身的原因，有区域经济发展的原因，也有水管理方法和政策方面的原因。其中影响最为突出的包括如下几点。

（一）灌溉用水计量和收费方式与节水的需求不相符合

用水计量，按实际用水量收费，这一点在我国的大多数灌区都做不到。现有灌溉量水一般只能做到支渠一级，很多灌区甚至只在总引水口处量水。在我国目前土地经营极度分散的情况下，灌溉费用的支付只好在区域内吃“大锅饭”了。有的是采用按灌溉次数收费，有的干脆按灌溉面积一年收费一次。这样运行的结果是，农民所交纳的水费数额与其实际应用的灌溉水量并没有直接的关系，所以农民对每次灌溉用了多少水并不十分关心。特别是在灌溉供水系统不完善、轮灌周期长、供水不及时的情况下，农民每次灌水都要力争灌足灌饱，以便维持更长的时间，这样显然是很难说服农民采用节水灌溉定额的。

（二）发展节水的投入与收益的不相匹配

对于新发展的灌溉农田，由于粮食产量能够大幅度地提高，所以投入产出效益很好，当地农民和政府的积极性也都很高。但对于在现有灌溉农田上实施节水改造，由于参照标准变为原来的生产经营状况，所以许多技术措施以投入产出效益为标准进行评价都变得不可行了。改变灌溉方式或灌溉制度，作物产量一般不会发生太大的变化，直接的效果主要是减少了灌溉用水量，由此产生的经济效益也主要来自因减少用水量所节约的水费。由于农民加大灌溉定额后并不多交纳水费，所以这些节水技术措施应用的价值在农民那里并不能实现，因此也就变得没有任何价值了。此外，对于真正交纳水费的地区，由于灌溉用水的水价很低，因此为了节水而增加投入仍显得不太明智[61-62]。例如宁夏灌区，1999 年 4 月将水价从 0. 006 元/m^3调整到了 0. 012 元/m^3，以新水价计算，每亩即便节水 100 m^3，收益也只有 1. 2 元，而许多节水农业技术措施的实施成本都要远远大于这一数值。

（三）节水活动投入主体和受益主体的严重错位

“谁投资，谁收益”，或者讲“谁收益，谁投资”，这是社会经济活动的基本准则。但在节水农业发展过程中，这一点目前还无法得到很好的体现。由于投入产出效益上存在的问题，目前“谁投资，谁收益”还无法成为推动节水农业发展的主动力，但“谁收益、谁投资”目前执行起来也很困难。

第一，当前的节水实践，其价值有相当一部分是体现在环境的改善上，比如防止地下水位进一步降低，遏制区域生态环境的继续恶化等。这种情况下，节水的受益主体是很难准确界定的。

第二，我国目前用水定额大、最需要节水的区域是那些可利用水资源比较丰富，并且开发利用比较容易的地区，像沿黄引水渠灌区和内陆河的上游地区。这些地区之所以需要节水，并不是当地缺乏足够的水资源，而是这些地区过量用水，减少了区域下游地区可以利用的水量，影响了下游地区社会经济的发展和区域生态环境的建设。在这种情况下，节水的投入主体与受益主体就产生了严重的错位。

（四）水权分配与交易机制尚未建立，满足不了节水农业发展的需求

“水从门前过，不用也是错”，在水资源丰富的地区，这种认识是比较盛行的。因此存在着想用多少就用多少、想什么时候用就什么时候用的现象。许多地区目前的生态环境严重恶化状况与长期以来区域水资源管理水平不高、水资源利用严重不平衡有着很大的关系。国家对区域水资源的合理调配予以了高度的重视，像黄河、塔里木河和黑河，都制定了相应的流域水资源分配方案，并在实践中产生了很好的效果[63-64]。但是，这种分水方案目前还比较粗，例如只是总量上加以控制，对水资源的时效性还考虑得很少。分水方案目前也只是做到省区一级，对于同一省区内部的分配，做得还很不足。因此现在的分水只能说是把各省区之间的大锅饭，变成了同一个省区内部的大锅饭。区域水资源利用的不平衡现象因为分水而有所改善，但并没有从根本上得到解决。

对于目前的分水与用水方案的实施情况，还缺乏行之有效的监控与管理，特别是缺乏经济上的调控。对于分配的用水额度，如果因为区域内部广泛采用节水技术措施而有所剩余，在目前水市场尚未发育成熟的情况下，是很难通过交易给缺水地区而转化为经济收益的。这种情况下，用水额度分配较多的区域，可能根本不会考虑去投资开发节水潜力。目前一些流域的分水方案，对于用水现状给予了很大权重的考虑，因此上游地区所存在的节水潜力还是很大的。但如果没有水市场的调控，估计这些节水潜力是很难得到开发利用的[65-66]。

第五节　西北地区节水潜力开发的政策需求

以上讨论的阻碍节水农业潜力开发的因素，许多已经超出了节水技术措施本身的范畴。但在很多情况下，这些问题的解决对节水潜力开发的作用要远远大于节水技术措施本身的进步。从当前的节水农业发展实践看，迫切需要从国家政策法规上解决的问题主要包括如下几个方面。

一、建立稳定可靠的投入机制

从前面的分析可知，开发灌溉农业节水潜力的投入需求是相当大的。能否筹集到足够的资金将是这些节水灌溉工程和节水技术措施能否建设和实施的关键，也在很大程度上决定着灌溉农业节水潜力可能实现的程度。西北地区是我国经济欠发达的地区，农民收入水平还比较低，因此完全依靠农民集资来开发节水潜力是非常困难的。西北许多地区的区域经济还比较落后，有相当一部分地方政府的财政状况很不理想，因此也没有能力全部承担节水工程建设所需的资金投入。当然了，国家的财政也不宽裕，需要投入的领域也很多，因此也不可能承担节水农业发展所有的费用，况且这样做也不利于调动各地发展节水农业的自主性和积极性。因此一些学者指出[56-67]，节水农业发展所需的投入，需要国家、地方和农民三方共同筹集负担。其中，国家主要负责大型水库的整治和大中型灌溉工程主体部分的建设与改造，下一级骨干渠系的建设与维护由当地政府负责，而田间工程建设和农作节水措施实施所需的费用则主要由农民自己承担。专家们还建议，为了节水农业的长期稳定发展，需要以法规的形式将节水农业发展所需资金的筹集渠道予以明确，以确保节水农业发展所需资金能够足额及时到位，从而保证灌溉农业节水潜力开发的规划目标能够按时实现。

二、改革与完善水价的制定和征收机制

研究指出，我国目前灌溉用水的价格普遍偏低，许多地区的水价甚至远远低于成本价。这样一方面是不利于调动用水者的节水积极性，另一方面是灌区管理机构长期在这样的状况下运转，自身都难于维持与发展，因此根本无力对灌区灌溉基础设施进行必要的维护与科学管理，对灌区节水的发展是十分不利的。专家们认为[62,68]，农业水价改革是促进节水农业发展的动力，势在必行。但另一些研究也指出，我国农业目前的收益已经很低，进一步提高水价势必会在一定程度上打击农民的种田积极性，影响区域农产品的供给。此外，在水资源浪费严重的地区，农民的收入普遍偏低，提高水价无疑会加重农民的负担，因此认为国家应当承担这部分费用，表现为国家对农业生产的补贴，以及对贫困地区的扶持。应当说，这两种看法都有其合理性，在执行过程中也都存在一定的问题。因此应当加强这方面的研究，建立切实可行的水价制定机制，在保障农民利益的基础上，利用水价作为经济杠杆的作用，促进节水农业的发展[69-70]。

对于水价的征收机制和征收方式，一定要采取措施逐步改革，最终完全实现“用水计量，按方收费”。为此，在现有灌区的节水改造过程中，应对量水设施的建设予以特别的关注，为灌溉用水的按方收费提供必要的物质基础。此外，在灌区管理中还要加强水资源的调配，以及与灌溉用水户的信息交换，适时适量地供水，在提高农民经济收益的同时，也提高灌区的经济效益[71-72]。

三、建立完善的水权分配与交易机制，使灌溉用水管理逐步市场化

首先要根据区域可利用水资源的状况，以及区域社会经济发展的需求，按照一定的原则对区域水资源的利用权力进行科学的分配，包括总额分配和时间区段分配[73-74]。区域水权分配的结果应当在法律的层次上予以明确，并得到充分的尊重与保护[75]。对于超过水权部分的用水，一是可以通过法律途径予以制止，二是要通过经济手段予以惩罚，比如加倍或收取更高的水资源利用费，同时对受到侵害的用水户给予经济补偿[76]。在明晰水权的基础上，还要逐步培养和完善水市场，促进水权的转让与交易[77-80]。这样通过采用节水技术措施而实现的节水潜力就可以通过市场交易行为转化为经济收益，从而大大提高用水户的节水积极性，促进区域节水农业的发展，也为区域社会经济的持续稳定发展提供更好的水资源保障。

主要参考文献

[1] 陈玉民，郭国双. 中国主要农作物需水量等值线图研究［M］. 北京：中国农业科技出版社，1993.

[2] 石玉林，卢良恕. 中国农业需水与节水高效农业建设［M］. 北京：中国水利水电出版社，2001.

[3] 中国工程院“西北水资源”项目组. 西北地区水资源配置、生态环境建设和可持续发展战略研究（阶段研究报告汇编）［R］. 2001.

[4] 西北农业大学农业水土工程研究所. 西北地区农业节水与水资源持续利用［M］. 北京：中国农业出版社，1999.

[5] 冯广志. 我国节水灌溉的总体思路［M］//水利部农村水利司. 农业节水探索. 北京：中国水利水电出版社，2001：48-55.

[6] 中国水利水电科学研究院水资源研究所.“九五”国家重点科技攻关项目“西北干旱区水资源与生态环境评价研究”研究报告［R］. 2000.

[7] 沈振荣. 节水新概念——真实节水的研究与应用［M］. 北京：中国水利

水电出版社，2000.
[8]　姜文来. 水资源价值论［M］. 北京：科学出版社，1998.
[9]　周福国，王彦军. 渠灌区管道输水灌溉技术［M］//水利部农村水利司. 节水灌溉. 北京：中国农业出版社，1998.
[10]　中国水利水电科学研究院水资源研究所. “九五”国家重点科技攻关项目“西北地区水资源合理开发利用与生态环境保护研究”（96-912）简要报告［R］. 2000.
[11]　张喜英，刘昌明. 华北平原农田节水途径分析［M］//石元春，刘昌明，龚元石. 节水农业应用基础研究进展. 北京：中国农业出版社，1995：156-163.
[12]　彭世彰，俞双恩，张汉松，等. 水稻节水灌溉技术［M］. 北京：中国水利水电出版社，1998.
[13]　陈雷. 节水灌溉是——项革命性的措施［M］//水利部农村水利司. 农业节水探索. 北京：中国水利水电出版社，2001：32-40.
[14]　吴普特，汪有科. 渠灌类型区农业高效用水模式初探［M］//吴普特. 中国西北地区水资源开发战略与利用技术. 北京：中国水利水电出版社，2001：121-131.
[15]　BLAIR A W，BLIESNER R D，MERRIAM J L. Selection of irrigation methods for irrigated agriculture［C］//ASCE on-farm committee report. Am. Soc. Civil Eng.，New York，1990.
[16]　JAMES L G. Principles of farm irrigation system design［M］. New York：John Wiley & Sons，1988：543.
[17]　MERRIAM J L，KELLER J. Farm irrigation system evaluation：a guide for management［J］. Farm Irrigation System Eualuation A Guide for Management，1978：271.
[18]　HOLZAPFEL E A，MARINO M A，CHAVEZ-MORALES J. Procedure to select an optimal irrigation systems［J］. J. Irrig. Drain. Eng.，1985，111（4）：319-329.
[19]　薛克宗，贾大林，周福国. 井渠结合——实现以节水为中心的灌区改造［M］//匡尚富，高占义，许迪. 农业高效用水灌排技术应用研究. 北京：中国农业出版社，2001.
[20]　钱蕴壁，李益农. 地面灌水技术的评价与节水潜力［J］. 灌溉排水，1999（增刊）：100-105.

[21] 赵竞成. 论我国的农田沟、畦灌溉技术的完善与改进 [J]. 节水灌溉，1998：85-91.
[22] 王文焰. 波涌灌溉试验研究与应用 [M]. 西安：西北工业大学出版社，1994.
[23] ASAE. Evaluation of furrow irrigation systems [R]. Joseph，1987.
[24] BLAIR A W，SMERDON E T. Unimodel surface irrigation efficiency [J]. J. Irrig. Drain. Eng.，1988，114 (1)：156-168.
[25] CLEMMENS A J，DEDRICK A R. Estimating distribution uniformity in level basins [J]. Trans ASAE，1981，24 (5)：177-1187.
[26] STRINGHAN G E. Surge flow irrigation：final report of the Western Regional Research Project W-63 [R]. Logan，1988.
[27] 米孟恩. 膜上灌经济效益与技术改进 [J]. 节水灌溉，1998：98-104.
[28] 李英能. 国内外节水灌溉设备发展趋势与展望 [M] //吴普特. 中国西北地区水资源开发战略与利用技术. 北京：中国水利水电出版社，2001：164-173.
[29] 李光永. 以色列农业高效用水技术 [J]. 节水灌溉，1998 (3)：74-77.
[30] JENSEN M E. Design and operation of farm irrigation systems [C]. Am. Soc. Agric. Eng.，St Joseph，Missouri，1980：829.
[31] HOWELL T A，BUCKS D A，GOLDHAMER D A，et al. Trickle irrigation for crop production [J]. Develop. in Agric. Eng. 9. Elsevier，1986：214-279.
[32] HOWELL T A，COPELAND K S，SCHNEIDER A D，et al. Sprinkler irrigation management for corn-Southern Great Plains [J]. Amer. Soc. Agric. Eng. Trans.，1989，31 (2)：147-160.
[33] WALKER R W. Explicit sprinkler irrigation uniformity：Efficiency model [J]. Amer. Soc. Civil Eng.，1979，105 (2)：129-136.
[34] JENSEN M E，1975. Scientific irrigation scheduling for salinity control of irrigation return flows [J]. Plant Protection：133-139.
[35] MARTIN D L，STEGMAN E C，FERERAS E. Irrigation scheduling principles [C] //HOFFMAN G J，HOWELL T A，SOLOMON K H. Irri. Mgt. Monog.，Amer. Soc. Agric. Eng.，St. Joseph，Missouri，1990：155-202.
[36] 汪志农，康绍忠. 节水灌溉管理决策专家系统研究 [M] //吴普特. 中国西北地区水资源开发战略与利用技术. 北京：中国水利水电出版社，2001：398-404.

[37]　PLEBAN S, LAVADIE J W, HEERMANN D F. Optimal short term irrigation schedules [J]. Amer. Soc. Agric. Eng. Trans., 1983, 26 (1): 141-147.

[38]　SNYDER R L, LANINI B J, SHAW D A, et al. Using reference evapotranspiration and crop coefficients to estimate crop evapotranspiration for tree and vines [J]. Leaflet- University of California, 1987: 21427.

[39]　TRAVA J, HEERMANN D F, LAVADIE J W. Optimal on-farm allocation of irrigation water [J]. Amer. Soc. Agric. Eng. Trans., 1977, 20 (1): 85-88, 95.

[40]　VANSCHILFGAARDE J, BERNSTEIN L, RHOADES J D, et al. Irrigation management for salt control [J]. J. Irrig. & Drain. Div., Amer. Soc. Civil Eng., 1974, 100 (3): 321-338.

[41]　SHARMA. Water saving irrigation techniques for paddy rice in India [C]. International Symposium on Water Saving Irrigation for Paddy Rice, Beijing, China, 1999.

[42]　水利部中国农科院农田灌溉研究所. “九五” 国家攻关专题 “节水灌溉与农艺节水技术”（96-06-02-03）研究报告 [R]. 2000.

[43]　GHAWI I, BATTIKHI A M. Watermelon (*Citrullus Lanatus*) production under mulch and trickle irrigation in the Jordan Valley [J]. J. Agronomy and Crop Science, 1986 (156): 225-236.

[44]　GHINASSI G, NERI L. Effect of mulching with black polyethylene sheet on sweet pepper evapotranspiration losses [M] //PEREIRA L S, GOWING J W. Water and the Environment: Innovative Issues in Irrigation and Drainage. London: E. &F. N. Spon, 1998: 396-403.

[45]　HADDADIN S H, GHAWI I. Effect of plastic mulches on soil water conservation and soil temperature in field grown tomato in the Jordan Valley [J]. Dirasat, 1983, 13 (8): 25-34.

[46]　UNGER P W. Straw-mulch Rate Effect on Soil Water Storage and Sorghum Yield [J]. Soil Science Soc. of American Journal, 1978 (42): 485-491.

[47]　山仑，张岁岐. 节水农业及其生物学基础 [M] //科学技术部农村与社会发展司. 中国节水农业问题论文集. 北京：中国水利水电出版社，1999：30-41.

[48]　LAL R. Conservation tillage for sustainable agriculture tropics versus tempera-

ture environment [M] //BRADY N. Advances in agronomy. New York: Academic Press, 1991 (42): 85-197.

[49] RAWITS E, MORIN J, HOOGMOED W B, et al. Tillage practices for soil and water conservation in the semi-arid zone. I. Management of fallow during the rainy season preceding cotton [J]. Soil Tillage Res., 1983 (3): 211-231.

[50] WIETS F G. Fertilizers and the efficient use of water [J]. Adv. Agron., 1962 (14): 223-264.

[51] DEDRICK A R. Cotton yields and water use on improved furrow irrigation systems [C] //GLAGSTAFF A Z. Water today and tomorrow. Spec. Conf. Proc. Am. Soc. Civil Eng., 1984: 175-182.

[52] USDA. Farm Irrigation rating index (FIRI): A method for planning, evaluating and improving irrigation management. USDA, SoilConserv. Serv., West Nat. Tech Center, Portland, OR, 1991, 56.

[53] TANJI K K. Agricultural Salinity Assessment and Management [M] //ASCE Manuals and Reports on Engineering Practice. New York: Am. Soc. Civil Eng., 1990: 262-304.

[54] OSTER J D, SHAINBER I, ABROL I P. Reclamation of salt-affected soil, Ch.14 [M] //AGASSI M. Soil Erosion, Conservation, and rehabilitation. New York: Marcel Dekker, Inc., 1996: 315-335.

[55] RHOADES J D. Drainage for salinity control [M] //SCHILFGAARDE J V. Drainage for agriculture. Agron. Mono. No., 1974 (17): 333-361.

[56] 冯广志. 节水灌溉体系和正确处理节水灌溉工作中的几个关系 [M] // 水利部农村水利司. 节水灌溉. 北京: 中国农业出版社, 1998.

[57] MJELDE J W, LACEWELL R D, TALPAZ H, et al. Economics of Irrigation management [M] //HOFFMAN G J, HOWELL T A, SOLOMON K H. Management of farm irrigation system. ASAE Monog. St. Joseph, Missouri, 1990: 461-493.

[58] CHANG A C, SKAGGS R W, HERMSMEIER L F, et al. Evaluation of a water management model for irrigated agriculture [J]. Trans. ASAE, 1983, 26 (2): 412-418.

[59] FEINERMAN E, BRESLER E, ACHRISH H. Economic of Irrigation Technology under conditions of spatially variable soils and non-uniform water dis-

tribution [J]. Agronomie, 1989 (9): 819-826.

[60] GOHRING R R, WALLENDER W W. Economic of sprinkler irrigation systems [J]. Trans. ASAE, 1987 (30): 1083-1090.

[61] 水利部天津水利水电勘测设施研究院，北方缺水地区现状水价调研报告 [R]. 2001.

[62] 贾大林，姜文来. 农业水价改革是促进节水农业发展的动力 [J]. 农业技术经济，1999 (5): 4-7.

[63] 翟浩辉. 从全局战略高度认识黑河综合治理重要性，突出抓好灌区节水改造和流域生态建设 [M]. 水利部农村水利司. 农业节水探索. 北京：中国水利水电出版社，2001，14-17。

[64] 邢大伟. 黄河水资源需求管理与水量调配 [M] //吴普特. 中国西北地区水资源开发战略与利用技术. 北京：中国水利水电出版社，2001：103-110.

[65] YARON D, DINA A. Optimal allocation of irrigation water on a farm during peak season [J]. Am. J. Agric. Econ., 1982 (64): 681-689.

[66] WEINBERG M, WILEY Z. Creating economic solutions to environmental problems of irrigation and drainage [M] //DINAR A, ZILBERMAN D. The economics and management of water and drainage in agriculture. Boston: Kluwer, 1991: 531-556.

[67] 李英能. 我国现阶段发展节水灌溉应注意的几个问题 [M] //水利部农村水利司. 农业节水探索. 北京：中国水利水电出版社，2001：159-163.

[68] CLOBY B G. Estimating the value of water in alternative uses [J]. Nat. Resourc. J., 1989 (29): 87-96.

[69] YOUNG R, GRAY S L, HELD R B, et al. Economic value of water: concepts and empirical estimates [R]. Fort Collins: National Technical Information Services, 1972: 231-234.

[70] 王志民. 海河流域水资源管理研究 [M]. 天津：天津科学技术出版社，2001.

[71] 中国国家灌溉排水委员会. 灌溉农业的可持续性——农民对可持续灌溉农业的参与 [M] //第16届灌溉与排水会议论文集. 北京：中国水利电力出版社，2001.

[72] DINAR A, KNAPP K C, LETEY J. Irrigation water pricing to reduce and

finance subsurface drainage disposal [J]. Agricultural Water Management, 1989 (16): 155-171.

[73] 刘斌，高建恩，王仰仁. 美国日本水权水价水分配 [M]. 天津：天津科学技术出版社，2000.

[74] 汪恕诚. 水权管理与节水社会 [M] //水利部农村水利司. 农业节水探索. 北京：中国水利水电出版社，2001：6-9.

[75] DINAR A, ZIMBERMAN D. The economics of resource-conservation, pollution-reduction technology selection: the case of irrigation water [J]. Resources. Energy, 1991 (13): 323-348.

[76] 段爱旺. 以色列的高效农业技术及启示 [J]. 灌溉排水，1999 (增): 174-178.

[77] SALIBA B C, BUSH D B. Water markets in theory and practice; market transfers, water values, and public policy [M]. Boulder: Westview, 1987.

[78] CARDNER R L. The potential for water markets in Idaho [J]. Id Econ. Forecast, 1985, 7 (1): 27-34.

[79] HAMILTON J R, WHITTLESEY N K, HALVERSON P. Interruptible water markets in the Pacific Northwest [J]. Am. J. of Agric. Econ., 1989 (71): 1.

[80] 胡鞍钢，王亚化. 转型期水资源配置的公共政策：准市场和政治民主协商 [J]. 中国水利，2001 (11): 10-13.

第六章　研究结论与讨论

本书的第二章和第三章从内涵、定义、评价及发展潜力几个方面对节水农业相关的问题进行了系统论述，第四章和第五章则以整个西北地区为实例，对灌溉农业节水潜力计算确定与开发中的有关问题进行了较为详细的讨论。通过这些分析研究，得出了一些初步的结论，同时也发现了一些亟待解决的问题，下面对此进行简要的概括和讨论。

第一节　主要研究结论

一、节水农业的发展目标

节水农业是在我国水资源紧缺状况不断加剧，区域水环境与生态环境严重恶化，以及社会经济发展对水资源的需求不断增加的大背景下兴起和发展的。节水农业的发展，就是要彻底解决这些问题，至少要在最大程度上使这些问题得到有效的缓解。基于这样的分析，认为节水农业发展的目标应当主要覆盖两个方面：一方面是合理开发水资源，在保证区域水资源可持续利用的前提下实现水资源的最大可能开发利用，满足区域社会发展对水资源的需求。另一方面是高效利用水资源，包括开发的水资源向有效水资源的高效转化，以及有效水资源向社会需求农产品的高效转化，最大可能地满足社会发展对农产品供给不断增加的需求。

以节水农业发展的两个主要目标为基础，可以对节水农业的内涵做出如下的概括：节水农业是在保持区域水环境和生态环境持续稳定的前提下，通过最大可能地利用当地的各类水资源，建设高效的水资源配给系统，构建高效的水分转化利用模式，从而最大可能地满足社会所需农产品生产需要的农业技术体系。

由此可见，在节水农业的发展过程中，节水不是最终的目标，而是实现节水农业发展目标的一种途径或手段。此外，还应当认识到，节水过程只是整个农业经营体系的一个组成部分，节水过程要和其他生产过程有机地结合起来，并且在很多情况下要处于从属地位。只有与农业经营体系中的其他过程形成紧密的结合体，才能保证节水技术措施的广泛推广应用，从而取得显著的节水效果。在节水农业技术措施的选择与推广应用，以及节水农业发展的规划与评价时，对这一点要给予充分的考虑。

二、节水农业发展的评价

基于上面对节水农业发展目标的论述，认为节水农业发展的评价应当主要包括两个方面：一是区域水资源利用的合理性；二是区域水资源利用的有效性。

对于区域水资源利用合理性的评价，主体的判别标准是区域现有的水资源利用模式能否保证区域水资源的可持续利用。具体的判别指标可根据区域水环境状况和区域生态环境状况评价的需要而设立。区域水资源利用合理性评价的次级标准为区域可重复利用水资源的有效开发利用程度，主要包括再生水、微咸水和农田回归水等资源的开发利用程度，用于评价区域的可利用水资源是否得到了充分利用。需要强调指出的是，水资源利用合理性评价的主体标准和次级标准不属于同一级别。主体标准具有“一票否决性”，次级标准只有在主体标准评价通过后才起作用。例如，一个地区在地下水资源已经严重超采的情况下，又另行打井取水，将部分雨养农田发展成了由喷灌和滴灌组成的“节水灌溉区”，在这种情况下，评价新建区域水资源利用的合理性，显然是无法通过主体标准考核的，因为这种情况下区域水资源的可持续利用无法得到保障，反而会因为“节水灌溉区”的兴建而更加恶化。由此可以看出，在水资源已经超额利用的地区，节水农业的发展应以提高和改造现有灌溉用水体系为主，而不是发展新的灌溉面积，即便在这些新发展的灌溉面积上采用的是世界上最先进、最节水的技术措施也如此。

区域水资源利用有效性的评价主要包括两个方面，一是开发利用的水资源向作物用水的转化效率，二是作物用水向社会所需农产品的转化效率。第一个转化效率通常用灌溉水利用系数表示，它是渠系水利用系数与田间水利用系数的乘积，反映的是灌溉过程中引用的地表水或开采的地下水转化为植物可以直接利用的土壤贮水的效率。第二个转化效率通常用作物水分利用效率表示，表达的是作物消耗单位数量的土壤贮水所能产出的经济产品数量。

无论是渠系水利用系数和田间水利用系数，还是作物水分利用效率，其原始数据的获得都应该建立在具有高度同一性的条件下。以渠系水利用系数为例，它的数值应当是针对某一种特定结构和状况的渠道而言的，比如土渠输水的利用系数，管道输水的利用系数，以及衬砌渠道的利用系数。如果再细分，即便都是衬砌渠道，也会因为衬砌所用材料或施工工艺的不同而产生差别。田间水利用系数和作物水分利用效率也存在着同样的问题。将这些着眼点在于小区域的概念用于表达大区域的状况，会带来一些问题：一是大区域统计的数值会在很大程度上掩盖各子区域之间的差异，使最终体现出来的状况是各种状况平均化之后的结果。比如内蒙古自治区的平均亩灌溉用水量在西北地区并不是太高，但这是由于河套地区的高用水量和内陆河地区的低用水量中和的结果，单从平均值看就掩盖了河套地区用水过量的问题，同时也掩盖了内陆河地区用水量严重不足的问题。二是大区域的统计数值，受主导因子的影响很大，因此更多反映的是主导因子的状况，宁夏灌区的水稻种植面积大，因此其广义节水潜力中来自覆盖和水稻节水方面的潜力所占比例要明显高于别的省区，就属于这种情况。三是大区域数值通常是平均值，由于参与平均的各因素之间可能在其他方面的价值有着很大的不同，因此利用平均值就很难反映这些特性。最为显著的是作物水分利用效率，由于小麦和玉米属于不同的碳循环类别，水分利用效率具有明显的差异，同时小麦和玉米在利用价值上也有很大的差别，因此，只通过作物水分利用效率，是很难真实评价以小麦种植为主的区域和以玉米种植为主的区域的水资源利用效率高低的。所以，在利用这些指标进行区域水资源利用状况评价时，要对评价的对象和指标值的确定过程进行必要的分析和审核，以使评价结果能够真实地反映各地节水农业的发展水平。

三、狭义节水潜力的概念与价值体现

狭义节水潜力定义为“在满足作物基础用水的条件下，通过各类节水技术措施的实施，可以使现状灌溉用水总量直接减少的数量”。

从狭义节水潜力的定义可知，狭义节水潜力的确定要建立在两个基础之上。一是要满足作物基础用水需求，二是要以现状灌溉用水总量为基准。

作物基础用水量表达为满足作物正常生长所需要的水量，对旱作物来讲，其数值等于作物需水量；对于水稻，其数值等于作物需水量加上泡田用水量和生育期间正常的渗漏量。由于作物基础用水量中有一部分水量是由降水供给的，因此作物基础用水量中需要通过灌溉供给的水量可用灌溉需水量表示，它等于作物基础用水量与生育期内的有效降水量之差。由此可知，狭义节水潜力可以表示为现状灌溉用水总量与灌溉需水量的差值。

在西北地区，尤其是干旱和半干旱地区，由于降水量较少，所以在灌溉区域内为维护区域生态环境所培植的人工植被，其正常生长发育所需的水分有相当一部分是靠灌溉过程中损失的水量所供给的。此外，灌溉过程中损失的水分，还有相当一部分又以地表径流的形式汇入地表水体，或以深层渗漏的形式汇入地下水体，最终回归到了区域水资源系统中。灌溉过程中通过节水技术措施减少人工植被所消耗的水量是没有意义的，否则就要为这些人工植被开辟专门的供水途径。通过节水措施减少最终又回归到区域水资源系统中的那部分水量，在经济上具有显著的意义，但从水资源总量的角度考虑，则不能称为真实的节水。针对这些问题，将现状灌溉用水总量与灌溉需水量的差值记为计算狭义节水潜力，而将计算狭义节水潜力再减去生态需水量和回归水量后的数值，记为实际狭义节水潜力。

相比较而言，作物灌溉需水量和生态需水量可以作为常数对待。由于狭义节水潜力是以现状灌溉用水总量为基准计算的，因此随着节水技术措施的不断实施，这些节水潜力会逐步得到实现，那时的狭义节水潜力也会相应减少。

上面所述的狭义节水潜力是在理想状态下，即灌溉输配水过程不存在任何无效水量损失时的节水潜力。这一节水潜力是通过计算确定的，是理论上的数值，因此可称其为理论狭义节水潜力。

在现实生产过程中，理想的状态是不存在的。但随着节水农业的不断发展，可使现实状况逐步向理想状态靠近，从而使这些节水潜力得到逐步开发。在某一特定时期，理论狭义节水潜力中预期可以得到开发的数量，称为可实现狭义节水潜力。可实现狭义节水潜力的大小，不但取决于采用了什么样的工程和管理节水技术措施，更取决于这些节水技术措施在多大程度上得到了推广应用。

狭义节水潜力的实现，特别是实际狭义节水潜力的实现，可以在保证农业生产需水的条件下，真实地减少农田灌溉对区域水资源的消耗数量。这部分狭义节水潜力实现后，可以通过减少从区域地表水体或地下水体的取水量，促进区域水环境或生态环境的改善来体现其价值，也可以通过扩大灌溉面积（或提高区域的灌溉保证率），或供给工业和城市发展需求而实现其价值。

四、广义节水潜力的概念与价值体现

广义节水潜力定义为“在保证现有生产面积上产出的农产品总量不变的基础上，依靠各类节水技术措施的实施，可以使基础用水量减少的数值”。

从广义节水潜力的定义可知，广义节水潜力的确定要建立在 3 个基础之上。一是现有生产面积不变（种植结构也不变）；二是产出的农产品总量不变（各类农产品的总量也不变）；三是要以作物基础用水量为基准。

广义节水潜力的实现主要有两个途径，一是减少作物生育期间棵间土壤表面的蒸发量（水稻为减少棵间水面蒸发量和渗漏量），二是提高农田生产水平，减少生产单位农产品所需消耗的水量。

通过采用相应的节水技术措施，棵间土壤表面的无效蒸发量可以逐步地减少，理想状态下是不存在任何棵间土壤表面蒸发量，即所有的土壤贮水都被作物蒸腾过程所利用了。根据对许多试验结果的汇总分析，设定作物整个生育期通过节水技术措施可以减少的棵间土壤表面蒸发量，大约占作物基础用水量的20%。为了统一起见，水稻全生育期可以通过节水措施减少的棵间水面蒸发和深层渗漏量，也占其基础用水量的20%。

随着生产条件的不断改善，作物的产量水平也会不断增加。作物产量水平增加的潜势值设置为一个地区的光温生产潜力。它是在理想的状况下，即作物生长在不受除辐射因子和热量因子以外的其他任何因素制约的条件下所能达到的最高产量值。

在没有棵间土壤表面蒸发、产量水平也达到区域光温生产潜力值的情况下，在保证现有生产面积上产出的农产品总量不变的基础上可以使基础用水量减少的数值，称为理论广义节水潜力，或计算广义节水潜力，这是广义节水潜力所能达到的极值。

在现实生产中，理论广义节水潜力实现所需的理想状况是很难达到，但随着生产条件的不断改善，实际生产状况会不断地向其趋近。在某一特定时期，理论广义节水潜力中预期可以得到开发的数量，称为可实现广义节水潜力。与可实现狭义节水潜力一样，可实现广义节水潜力的大小，也取决于采用的节水技术措施，以及这些节水技术措施的推广应用程度。

广义节水潜力的实现，除了来自减少棵间地面蒸发（水稻是减少棵间水面蒸发及渗漏）的那部分有可能直接表现为减少灌溉取水量外，其他来自产量提高的部分主要是表现为增加了农产品的供给量，包括粮食供给量的增加，以及部分转化后的果品、蔬菜、饲料与其他经济作物产量的增加。在不增加灌溉用水量的前提下增加农产品的产量，可以很好地实现节水农业的发展目标，从而有效地缓解区域农业水资源的紧张状况，也使广义节水潜力的价值得到真实体现。

五、西北地区灌溉农业的节水潜力

按照前面所述的定义和确定方法，对西北地区灌溉农业的各类节水潜力进行了分析计算，以亩为基本面积单位表示的结果如表 6-1 所示。表中数值显示，西北地区灌溉农业的节水潜力是比较大的。其中，计算狭义节水潜力值平均为 228.3 m^3/亩，宁夏最高达 780.4 m^3/亩。实际狭义节水潜力平均为 76.6 m^3/亩，以青海为最大，达 198.9 m^3/亩。理论广义节水潜力的平均值为 240.8 m^3/亩，最大值为宁夏的 301.2 m^3/亩。2010 年西北地区可实现的狭义节水潜力和广义节水潜力的平均值分别为 73.5 m^3/亩和 71.6 m^3/亩，2030 年的数值则分别为 113.2 m^3/亩和 128.1 m^3/亩。

表 6-1　西北各省区灌溉农业的节水潜力　　单位：m^3/亩

省区	理论值			2010 年可实现值		2030 年可实现值	
	计算狭义节水潜力	实际狭义节水潜力	广义节水潜力	狭义节水潜力	广义节水潜力	狭义节水潜力	广义节水潜力
内蒙古	129.6	86.8	265.9	—	85.1	—	142.4
陕西	39.8	31.2	146.2	—	84.4	—	140.9
甘肃	220.5	78.0	240.2	55.3	70.6	98.3	120.4
青海	329.7	198.9	117.2	133.5	49.0	190.7	93.7
宁夏	780.4	68.2	301.2	256.2	83.2	359.4	152.9
新疆	255.7	79.3	266.4	105.4	63.1	163.4	120.3
西北地区	228.3	76.6	240.8	73.5	71.6	113.2	128.1

从表中数值还可以看出，西北的狭义节水潜力具有很大的地区差异性，以实际狭义节水潜力来看，陕西只有 31.2 m^3/亩，而青海则高达 198.9 m^3/亩。相对而言，广义节水潜力的地区差异性较小。

陕西和内蒙古两省区 2010 年和 2030 年的可实现狭义节水潜力值都为零。这一结果并不是表明这两个省区的输配水系统已经十分完善，以至 2030 年之前都没有狭义节水潜力可供开发了。依据第三章确定的狭义节水潜力计算方法分析，这一结果的出现，是因为按照目前的灌溉水利用系数计算，两个省区的 2000 年灌溉用水总量，根本不能满足区域内有效灌溉面积上的灌溉用水量需求。事实上，陕西和内蒙古的灌溉水利用系数也并不比西北其他省区高多少，灌溉过程中也存在着严重的水量损失，特别是内蒙古的河套灌区。因此，对于

2010年和2030年可实现狭义节水潜力为零的现象，最合理的解释是现状条件下，两个省区的有效灌溉面积都存在严重的供水不足现象。供水不足可以有两种表现形式，一种是灌溉定额不够，另一种是根本就得不到任何灌溉。

将内蒙古的节水潜力再进一步分解到下一级区域，这种灌溉不充分的现象就显露无遗了。在河套灌区，无论是单位面积的灌溉用水量还是狭义节水潜力，数值都较大。而在内陆河流域，单位面积的平均灌溉定额，则只有灌溉需水量的55%。这种结果也说明了一个问题，即以省区为单元的平均值，在很大程度上掩盖了一些次级区域所存在的问题，因此在对省区内的某个次级区域进行灌溉规划时，引用省区级水平的平均数值时要特别小心。最好的办法是利用所在区域的数据，对当地的灌溉农业用水潜力做实际的分析研究。

六、西北地区狭义节水潜力开发的主导技术

基础设施条件差、灌溉管理水平低是西北地区灌溉水利用系数普遍偏低的重要原因。针对这种实际状况，在西北地区狭义节水潜力开发过程中，要大力抓好以下一些主导技术的推广与应用，使其在大面积上发挥节水作用。这些主导技术包括以下方面。

一是完善现有灌区的灌溉基础设施。包括对输水渠道进行较高规格的防渗处理、配套完善各级供水渠系、加强土地平整工作、建立合理的畦田规格，同时还要特别加强输配水系统水量量测与控制设施的建设，为实施灌溉用水的科学化管理打下良好基础。

二是在自流引水灌区适度发展井灌。这样既可以使区域地下水位得到很好的控制，减轻盐碱危害，又有利于通过合理的灌排过程，对盐碱地逐步进行改良，同时还能起到显著的节水效果。

三是积极引导，推广改进地面灌溉技术，适度发展喷灌和微灌。比较适用于西北地区的改进地面灌溉技术主要有水平畦田灌，波涌灌和膜上灌。此外，在实行规模化生产经营的农区，以及种植经济价值高的作物时，可适当采用喷灌和微灌。

四是加强灌溉管理，提高科学用水水平。主要措施包括加强区域水资源的管理和调配，开展区域土壤墒情和作物需水状况的监测与预报，以及加强灌溉用水的量测与控制。

七、西北地区广义节水潜力开发的主导技术

西北地区广义节水潜力的开发，需要广泛吸收全国其他地区发展节水农业

的成功经验，采用当前在其他地区得到广泛应用的技术措施，包括在旱作物中采用地面覆盖技术减少棵间土壤蒸发量，在水稻种植中推广控制灌溉技术，选择适宜的作物和品种，采取适宜的耕作栽培模式，以及合理施肥等。此外，还应当根据西北地区的实际情况，对如下两个方面予以特别的重视。

（一）提高灌溉保证率

在西北地区的有效灌溉面积中，实灌率为 90%，保灌面积平均只有 68.6%。进行狭义潜力分析时，许多次级区域的数字表明，虽然就整个西北地区而言，灌溉定额是很大的，但在许多局部地区却存在着灌溉严重不足的现象。由于降水量很少，因此西北地区的农业生产对灌溉的依赖性很强，灌溉不足就意味着产量会受到严重的影响。从区域水资源总量来讲，满足现有灌溉农田的作物基础用水量是足够的，但由于区域水资源统一管理与调配工作做得不好，加之灌溉系统不具备快速输水配水的能力，使得许多地区的水资源没能很好地实现其价值。为此，要通过建设高标准的灌溉输配水系统和采用科学合理的农田水管理体系，使区域内有尽可能多的农田不会因为缺水而造成严重产量损失，促进区域农业生产整体水平的迅速提高。

（二）抓好中低产田的改造

西北地区目前还有相当数量的中低产田，主要是盐碱地和处于涝渍灾害区的农田。这些农田生产水平的提高，会在很大程度上促进西北地区灌溉农业广义节水潜力的开发工作。改造这些中低产田的主要措施有两点，一是建设良好的排水工程，保证排水排盐顺畅；二是要选择适宜的供水和用水模式，在这些渠灌区适度发展井灌，实行井渠结合的灌溉模式已得到广泛的认可与推荐。

八、农业节水潜力开发相关的经济和政策问题

西北地区灌溉农业节水潜力的开发速度，一方面取决于采用的技术措施的节水效果，另一方面取决于这些技术措施能够在多大面积上得到推广应用。前者主要是技术层面上的问题，通过试验研究工作应该能够提出很好的方案。但后者与社会经济的许多其他方面都有关联，已经大大超出节水技术措施本身所能影响的范围，因此需要来自其他方面的强力支持。

应当看到，节水活动只是整个农业生产体系中的一个环节。在市场经济条件下，节水技术的实施应当体现为农业生产经营中的一个过程，而非最终的目标。由于节水潜力的开发需要大量的资金投入，因此需要有很好的经济回报作为第一驱动力。而实际情况是，许多节水技术措施经投入产出分析后，完全有

可能是不可行的。此外，节水效果很多情况下表现为生态效益或社会效益，受益主体很难准确定位，或是受益主体与投入主体存在严重错位。另外，在目前水权分配和交易体制尚未形成，或是很不完善的情况下，节水投入所产生的显著节水效果，有可能根本就无法转化为现实的经济收益。这些非技术层面的因子对农业节水潜力开发过程的影响正在变得越来越具有决定性。

从当前的节水农业发展实际看，为了保证节水潜力开发工作的持续稳定发展，需要在非技术层面上重点做好以下一些工作：一是建立稳定可靠的投入机制，实行国家、地方和农民三方共同集资，不断提高节水农业发展的投入水平；二是改革与完善现有水价的制定和征收机制，逐步实现供水按成本定价，以及“用水计量，按方收费”；三是建立完善的水权分配与交易机制，使灌溉用水管理逐步市场化。通过经济的手段提高各方的节水积极性，加快西北地区灌溉农业节水潜力的开发速度，为区域农业及社会发展提供更好的水资源保障。

第二节　问题与讨论

西北地区疆域辽阔，各地自然条件和农业生产状况差异很大，因此西北地区灌溉农业节水潜力的确定和开发是一个非常复杂的问题，也是一个涉及众多因素的系统工程。这里根据本项研究工作得出的主要结论，以及在研究过程中发现的一些问题，对西北地区灌溉农业节水潜力开发过程中需要特别关注的一些事项进行简要的分析和讨论，以期能够对西北地区节水农业的持续稳定发展起到积极的推动作用。

一、制定完善的节水发展规划

节水潜力的开发涉及众多技术措施和社会经济层面的问题，因此在实施过程中必须制定完善的整体规划，作为整个工作的指导。规划的制定应将可持续利用原则贯彻始终，既要保证水资源的可持续利用，又要保证社会经济的可持续发展。这就要求规划时将生态用水、农业用水、生活用水和工业用水作为一个整体加以统筹考虑，并在节水潜力开发模式的制定及节水技术措施的选择时将技术先进性、经济可行性、生产适用性有机地结合起来。

本文有关研究结果显示，西北不同区域之间存在着比较大的差别，表现在气象条件、水资源条件、农业用水状况和社会经济条件等方面，因此在节水潜力大小和适用的主导技术上也各不相同。遵照因地制宜的原则，西北地区在制定节水发展规划时应当分区域进行，按各区域的实际情况制定相应的节水潜力开发策略。本文计算西北地区灌溉农业节水潜力时是以省区为基本单元进行的，只是在个别情况下对基本单元作了进一步的划分，但也只限于划分为黄河流域和内陆河流域两部分。计算结果显示，由于西北地区区域之间的差异性非常大，因此以省区为基本汇总单元，就在很大程度上掩盖了次级区域之间的差异性，这对于因地制宜确定节水潜力开发方案和选择节水技术措施是十分不利的。此外，以行政区域为基本单元计算的节水潜力值，以及制定的节水潜力开发策略，很可能在节水发展的实践中是无法实施的。因为黄河流域的节水，很可能与黑河流域的用水没有任何直接的联系，除非有工程措施能将黄河流域节下来的水调运到黑河流域使用；而甘肃境内黑河流域所节下来的水量，有可能需要在内蒙古的黑河流域去实现其价值，因此以省区为节水发展的基本规划单元是无法很好地考虑这些问题的。

鉴于这些问题，建议西北地区制定节水发展规划时最好能以流域为基本单元进行，并且流域内不同气候及用水状况的次级区域，要分别进行独立的分析，以保证规划的结果能对区域内的各种情况都有充分的反映，同时为区域水资源的统一调度管理，以及灌溉农业节水潜力的实际开发提供保证。

二、加强灌溉基础设施建设

灌溉基础设施条件差，管理水平低是西北地区灌溉水利用率低下的一个非常重要的原因。因此，加强灌溉基础设施的建设，特别是加强以节水为中心的农业基础设施的建设，对于提高灌溉用水的利用效率，实现灌溉农业的节水潜力就具有十分重要的意义。加强灌溉基础设施的建设应当包括多个方面的内容，包括建设完善、配套及较高标准的灌溉输水和配水系统，实施以土地平整和畦块改造为中心的田间工程，建立完善的灌溉用水量测、控制体系及土壤墒情监测和作物灌溉预报体系，以及培养一支具有较高素质的灌溉管理队伍。

开发灌溉农业的节水潜力，不仅可以为西北地区的农业发展提供保障，也为西北地区工业和城市的发展，以及生态环境的建设提供水资源保证，因此对于西北地区的持续稳定发展具有十分重要的战略意义。农业是相对弱势的产业，在西北的许多地区，农业仍是农民和地方财政的重要收入来源，因此在新的经济形势下，特别是我国加入 WTO 之后面对国外农产品的激烈竞争，如何保证西北地区农业生产的持续发展就显得十分重要。这不仅关系着西北地区农业自身的发展，更是关系到西北地区的社会进步，以及成千上万人的生存基础。西北地区的经济基础较差，单靠自身的经济实力，是很难筹集到足够的资金来完成灌溉基础设施建设的。为此，国家应大幅度地加强对西北地区灌溉基础设施建设的投资力度，并将之列为国家西北大开发政策和扶贫行动的投资重点予以考虑。这也是充分利用世界贸易组织的绿箱政策，对农业生产实施战略扶持，加强我国农业生产在国际市场的竞争能力的重要途径。

三、加强节水的基础性工作

节水潜力的开发是一项科学性非常强的工作，需要建立在严格的科学基础之上。因此，做好相关的基础工作，为节水潜力的开发提供坚实的基础是十分必要的。加强节水的基础性工作主要包括两个方面的内容，一方面是加强节水农业的基础性研究工作，另一方面是加强节水农业发展所需基础数据的收集整理工作。

加强节水农业的基础性研究工作，可以为节水农业的发展提供必要的理论支持和技术保障。针对西北地区灌溉农业节水潜力开发的需要，当前应当特别加强如下几个方面的研究工作：一是西北地区水资源的转化利用规律，通过研究准确确定西北地区水资源的承载能力；二是适宜的生态植被规模及生态需水规律，为水资源的科学合理配置提供必要的依据；三是适用于西北地区的节水技术措施，包括工程节水技术措施和农作节水技术措施，最好能够根据当地的作物生产特点和灌溉工程供水特点，形成一系列的组合模式，供不同条件下选择使用。

加强节水农业发展所需的基础数据的收集整理工作，对于制定科学合理的区域节水发展规划，以及科学可行的宏观管理政策，都具有决定性的作用，也是制定适宜的节水潜力开发模式、选择正确的节水技术措施的重要基础。加强这方面的工作，首先要求现有的有关统计数据要真实可靠，像水资源总量、农业用水量、灌溉用水量、有效灌溉面积、实灌面积、作物种植面积、单位面积产量、总产量等，统计误差一定要控制在许可的范围内。其次要对现有统计科目中没有包括的、而节水效果评价与节水发展决策活动中又必需的数据进行有针对性地搜集整理，像灌溉农田上的作物种植面积、平均产量、水分利用效率、灌溉的投入产出效果等。

四、提高全社会的节水意识

节水活动涉及面广，覆盖到所有的农业区域，关系到所有的农业用水户。因此，节水活动能够取得的实际效果，与用水户参与的广泛程度及投入的热情密切相关。在我国尚未建立起完善的水权分配与交易机制之前，农业节水的开展要在很大程度上依赖于全体用水户的自觉意识。为此，加强宣传教育，使广大用水户了解西北地区的水资源紧缺状况，以及节水对于区域社会经济发展的重要性就显得十分必要。

节水意识的宣传和培养应当包括几个方面的内容。首先，要使广大用水户认识到，西北地区的水资源短缺是十分严重的，发展节水农业关系到当地农业生产，以及整个经济是否能够持续健康发展，并且与每个公民都有密切的联系，也需要所有人都积极参与其中。其次，要大力宣传生态环境保护的重要性，使每个公民都认识到这是一项利在当代，功在千秋的大事，是既影响到我们自身的生存质量，更决定着能否为我们的子孙后代留下继续生存空间的问题，从而使各地在进行水资源利用规划时能为生态植被用水安排足够的水量；最后，还要通过宣传教育树立全局一盘棋的观念，特别是对于内陆河的上游地区，以及靠近河道取水引水十分方便的地区。要使这些地区的用水户和管理者意识到，自己少用一方水，就可为下游的用水户多送一方水；而本地区依靠增加引水量而多扩展一亩灌溉面积，就有可能使下游地区减少一亩灌溉面积，或造成若干亩天然植被的退化或消亡；从而加强节水的紧迫感，有意识地在用水过程中采取各类节水技术措施。

基层水管理部门担负着各地水资源管理的重任，也是当地节水活动的具体组织与监督管理机构，承担着上通下达的责任。因此，提高全社会的节水意识，首先要提高基层水管理部门管理人员的节水意识。为此，建议各省区划拨专门的经费，用于基层水管理人员的在职学习和培训，通过强化学习和组织各类实地考察活动，使他们了解节水农业发展有关的政策法规，认识节水发展的形势与任务，并率先了解掌握各类先进的节水技术措施，为节水政策的落实和节水技术措施的推广应用提供可靠的管理和人力资源保障。

五、大力推广先进的节水技术

推广应用先进的节水技术是取得良好节水效果的重要基础，国内外许多成功的经验即是很好的例证和示范。本文的研究结果指出，当前一些先进的节水技术难以在西北地区大面积推广应用，主要的原因是经济效益问题，其中政策法规的不配套及投入与受益主体的错位是两个重要的因素。在相关政策法规无法在短时期内落实到位，而节水发展又十分迫切的形势下，除了抓好节水基础研究工作，开发经济适用的节水模式与节水技术措施供用水户选择应用外，还需要各级政府投入相应的资金，对先进节水技术在西北地区的推广应用予以必要的扶持。在当前的形势下，要首先把大力推广先进的节水技术与加强灌溉基础设施建设有机地结合起来，重点对输配水过程及管理中的先进节水技术的推广应用予以资金扶持，包括渠系防渗、管道输水、土地平整、改进地面灌溉，以及用水量测、土壤墒情监测和灌溉预报等方面的节水新技术的推广应用。然后在经济条件许可的情况下，逐步向其他一些先进节水技术的推广应用扩展，给予必要的经济扶持。

六、制定与完善促进节水发展的相关政策法规

节水是一项需要常抓不懈的工作，因此完全依靠用水者的自觉性是很难得以长期维持并取得良好效果的。此外，节水活动是整个农业经营活动的一个有机组成部分，完全依靠国家或地方财政扶持也非长久之策。在国家承担了灌溉基础设施建设大部分投资的基础上，节水活动的其他投入应主要由用水者承担，并纳入其正常的经营管理体系之中。本文的研究结果指出，当前的水资源管理体系与节水农业发展的需求还有相当大的差距，其中两个最主要的问题是水资源使用权限的不明确与水市场体系的不完善。为了使节水活动与当前的市场经济相适应，并逐步走上良性发展的轨道，迫切需要制定相关的政策和法规，必要时可以先制定地方性的政策法规，使水资源的利用与管理逐步纳入法制化的轨道。

西北地区制定节水的相关政策法规时，要对以下几点予以特别关注：一是明确生态用水的地位，使生态用水量能够通过法规的途径得以充分保证；二是明确各地的水资源使用权，并以法律的形式予以确认。在此基础上，还要制定相应的督察和惩处机制，使分配的水权依法得到尊重和保护；三是制定其他配套的政策，比如实行水价分级管理，建立水银行等等，以利于水资源的优化调配利用；四是积极引导和扶持，建立水权转让和交易机制，使水市场得以迅速发育和逐步完善。通过这些法规的保障和政策的引导，最终在西北地区建立起法制化管理与市场化运营相结合的水资源利用与管理体系。

附录　本书中所用符号的含义及计量单位表

符号	含义	单位
A_i	区域内第 i 种作物在灌溉农田上的种植面积	hm^2
A_r	某种节水措施的实际作用面积	hm^2
A_{ri}	某种节水措施在第 i 种作物上的实际作用面积	hm^2
A_T	区域内的总灌溉面积	hm^2
A_{TJ}	区域内第 j 个代表点所代表区域内的总灌溉面积	hm^2
C	能量转换系数，谷类作物取 17 800	J/g
E	经济系数，即经济产量占生物产量的比例	无量纲
e_a	实际水汽压	kPa
e_d	饱和水汽压	kPa
ET_0	参考作物需水量	mm
ET_{0j}	第 j 个生育阶段的参考作物需水量	mm
ET_c	作物需水量	mm
ET_{cj}	第 j 个生育阶段的作物需水量	mm
F	作物生长盛期生理辐射能的最大利用率，取 $F=10\%$	%
G	土壤热通量	MJ/（$m^2\cdot d$）
IWC	因灌溉而增加的成本	元/hm^2
IWR	因灌溉而增加的产值	元/hm^2
IWU	灌溉用水量	m^3/hm^2
K	调整系数，喜凉作物取 4.5，喜温作物取 3.6	无量纲
K_c	作物系数	无量纲
K_{cj}	第 j 个生育阶段的作物系数	无量纲

（续表）

符号	含义	单位
$k_{折}$	用作物需水量估算经济用水量时的折算系数	无量纲
L	作物理想群体的最大叶面积指数	无量纲
L_j	作物第 j 个生长时段的群体叶面积指数	无量纲
m_i	某项节水措施的实施可使第 i 种作物棵间蒸发减少的绝对值	mm 或 m^3/hm^2
N	区域内灌溉农田上种植的作物种类数目	无量纲
N	植物干物质中矿物质和水分的含量	取 N＝14%
PE	有效降水量	mm 或 m^3/hm^2
PE_i	第 i 种作物全生育期有效降水量	mm 或 m^3/hm^2
PE_{ti}	第 i 种作物在 50%保证率下的有效降水量	mm 或 m^3/hm^2
P_j	第 j 个生长时段的相对光合速率	无量纲
P_t	实际降水量	mm
Q_j	第 j 个生长时段太阳总辐射	MJ/m^2
R_j	第 j 个生长时段的相对呼吸损耗率；	无量纲
R_n	太阳净辐射	MJ/（m^2·d）
SF	计算有效降水量时的土壤水分贮存因子	m^3/hm^2
sp	某项节水措施的实施可使区域作物棵间蒸发平均减少的百分比	%
T	空气温度	℃
T_1	作物光合作用的最低温度，取值 0~5	℃
T_2	作物光合作用的最高温度，取值 40~50	℃
t_{Dj}	作物第 j 个生长阶段的白天平均气温与日平均气温的差值	℃
t_{Gj}	作物第 j 个生长阶段的平均最高气温	℃
t_j	作物第 j 个生长阶段的平均气温	℃
t_{Mj}	作物第 j 个生长阶段的平均最低气温	℃
t_{Nj}	作物第 j 个生长阶段的夜间平均气温与日平均气温的差值	℃
TQI	现状灌溉用水总量	m^3
TQI_i	区域内第 i 种作物的灌溉用水总量	m^3
TQI_T	区域灌溉用水总量	m^3
WG	地下水补给量	m^3/hm^2

（续表）

符号	含义	单位
WG_i	第 i 种作物的地下水补给量	m^3/hm^2
WRB	基础用水量	m^3/hm^2
WRB_i	第 i 种作物的基础用水量	kg/hm^2
WRB_T	区域内的基础用水总量	m^3
WRB_{Tu}	区域内综合平均单位面积基础用水量	m^3/hm^2
WRB_{Tuj}	区域内第 j 个代表点的综合平均单位面积基础用水量	m^3/hm^2
WRB_u	区域内单位面积的基础用水量	m^3/hm^2
WRE_T	区域现状灌溉用水总量中补给生态需水的数量	m^3
WRI	灌溉需水量	m^3/hm^2
WRI_i	第 i 种作物的灌溉需水量	m^3/hm^2
WRI_T	区域灌溉需水总量	m^3
WRI_u	区域内平均单位面积灌溉需水量	m^3/hm^2
WRI_{ui}	区域内第 i 种作物的平均单位面积灌溉需水量	m^3/hm^2
WRI_{uj}	区域内第 j 个代表点的单位面积灌溉需水量	m^3/hm^2
WRL_{rice}	水稻泡田需水量与生育期间渗漏量的总和	mm
WRM_i	第 i 种作物取得某一产量水平所需的最小水量值	m^3/hm^2
WRS	附加需水量	m^3/hm^2
WRS_i	第 i 种作物的附加需水量	m^3/hm^2
$WSPB$	广义节水潜力	m^3/hm^2
$WSPB_i$	第 i 种作物的广义节水潜力	m^3/hm^2
$WSPB_r$	可实现的广义节水潜力	m^3
$WSPB_{rj}$	区域内采用的第 j 项节水技术措施可实现的广义节水潜力值	m^3
$WSPB_{ui}$	区域内第 i 种作物单位面积的广义节水潜力	m^3/hm^2
$WSPN$	狭义节水潜力	m^3/hm^2
$WSPN_i$	第 i 种作物的狭义节水潜力	m^3
$WSPN_r$	可实现的狭义节水潜力	m^3
$WSPN_{ri}$	区域内采用的第 i 项节水技术措施可实现的狭义节水潜力值	m^3
WSP_{rT}	区域可实现节水潜力总量	m^3

（续表）

符号	含义	单位
$WSPT$	区域总节水潜力	m^3
WU	实际耗水量	m^3/hm^2
WUE	水分利用效率	kg/m^3
WUE_{Ti}	区域内第 i 种作物的总平均水分利用效率	kg/m^3
WUR	水分利用效益	元/m^3
$WU_{极}$	产量最大值时的作物用水量	m^3/hm^2
$WU_{经}$	作物水分利用效率最大值时的作物用水量	m^3/hm^2
YD	作物经济产品产量	kg/hm^2
YD_P	作物的光合生产潜力	kg/hm^2
YD_{pi}	区域内第 i 种作物当前的平均单位面积产量	kg/hm^2
YD_T	作物的光温生产潜力	kg/hm^2
YD_{Ti}	区域内第 i 种作物的光温生产潜力	kg/hm^2
yp_i	某项节水措施的实施可使区域内第 I 种作物产量增加的百分比	%
Δ	饱和水汽压与温度关系曲线的斜率	kPa/℃
ε	生理辐射占总辐射的比值	$\varepsilon=0.42$
$\eta_{p总}$	区域输配水系统的现状供水效率	无量纲
η_r	节水措施实施后输配水系统所能达到的灌溉水利用系数	无量纲
γ	湿度计常数	kPa/℃
$\overline{WRI_u}$	区域内平均单位面积灌溉需水量	m^3/hm^2

后　记

本书是在本人博士学位论文基础上整理而成的。

粗略一算，学位论文完成距今已有 20 年的时间了。完稿之时，就有编辑成书公开出版的想法，但限于当时部分地区统计数据的可靠性较低，担心据此估算的各类节水潜力值存在较大偏差，进而导致用于宏观决策或指导生产时出现不应有的问题，故而未付诸实施。之后一直希望获得更为准确、可靠的一手资料，能对论文中相关的数据和结论进行修订、完善后再公之于众。但事未遂愿，新的数据一直未能按需求获得，加之公务和科研事务繁忙，这事就完全搁置起来了。

马上就要退休了，获取新的一手资料重新估算西北各地各类相关的节水潜力值，形成可供区域水资源宏观调控及农业用水高效管理使用的结论或建议，对自己来讲已是很难完成的任务，故而也放弃了继续努力挣扎的想法。甚感遗憾！

灌溉农业的节水潜力究竟该如何定义与估算？各个区域有多大的节水潜力？节水潜力通过什么样的途径可以实现？实现这些节水潜力需要什么样的投入水平和政策支持？截至目前，这些问题尚未得到明确的回答。基于这一状况，将本人的博士论文整理成书出版发行，感觉还是可以为这些问题的研究解决提供一些参考。只要能够发挥一点点作用，就足以除去心中深深的遗憾了。

本书相关内容的研究，是结合承担的中国工程院重大咨询项目“中国农业需水与节水高效农业建设”和“西北地区农牧业可持续发展与节水战略”的研究完成的。在课题实施过程中，任继周院士、张蔚榛院士、唐华俊院士、贾大林研究员等人提出了许多宝贵的意见和建议；中国水利水电科学研究院水资源研究所王芳博士和唐克旺博士，中国水利水电科学研究院水生态环境研究所的教授级高工陈渠昌提供了许多极有价值的资料；西北农林科技大学王龙昌博士协助计算了西北地区主要作物的光温生产潜力，中国农业科学院农田灌溉研究所孙景生研究员和张寄阳研究员协助计算了部分站点的作物需水量和有效降水量。这些指导与帮助，对于项目的顺利实施及相关研究结果的形成提供了巨大的帮助。在本书即将付印之际，对提供过指导、帮助及支持的所有领导和专家表示最诚挚的感谢。

2022 年 7 月 14 日